用語	意味	
最高点に達する	鉛直方向の速度が0になる	「投げ上げた物体が最〔…〕の時間を求めよ。」 ➡投げ上げた物体の鉛直方向の速度が0になるまでの時間を求めよ。 速さ0
軽い	質量が無視できる	「おもりを軽い糸でつるし，…」 ➡おもりを質量が無視できる糸でつるし，… 糸の質量は0と考える。
なめらかな	摩擦が無視できる状態	「なめらかな水平面上で物体が運動する。」 ➡摩擦が無視できる水平面上で物体が運動する。 運動の向き 摩擦力を受けない
粗い	摩擦のある状態	「粗い斜面上に物体を置く。」 ➡摩擦のある斜面上に物体を置く。 摩擦力を受ける
ゆっくりと	速度，加速度が無視できる状態で(物体が受ける力はつりあっている)	「物体を鉛直方向に，ゆっくりともち上げた。」 ➡物体を鉛直方向に，速度，加速度が無視できる状態でもち上げた。
変化量	(変化後の量) -(変化前の量)	「この運動における物体の力学的エネルギーの変化量はいくらか。」 ➡この運動における物体の力学的エネルギーの(変化後の量)-(変化前の量)はいくらか。 変化量は負の値をとることもある。計算結果が負になるのを避けて，引き算の順序を入れ替えてはいけない。

本書の構成と利用法

　本書は,「物理基礎」科目の学習書として, 高校物理の知識を体系的に理解するとともに, 問題の解法を確実に体得できるよう, 特に留意して編集してあります。本書を平素の授業時間に教科書と併用することによって, 学習の効果を一層高めることができます。また, 大学入試に備えて, 学力を着実に養うための自習用整理書としても最適です。

　本書では,「物理基礎」科目の内容を 4 章・11 節に分け, 次のように構成しています。

まとめ
図や表を用いて, 重要事項をわかりやすく整理しました。特に重要なポイントは赤色で示し, 適確に把握できるようにしています。

≫プロセス
公式の使い方など, 基礎的事項を確認する問題を取り上げました。解答は同じページに示し, すぐに確認できるようにしています。　　　　　　　(93題)

基本例題
基本的な問題を取り上げ, 解法の「指針」と「解説」を丁寧に示しました。また, 関連する「基本問題」の番号を示しています。　　　　　　　(37題)

|基|本|問|題|
授業で学習した事項の理解と定着に効果のある基本的な問題を取り上げました。創作問題を中心に構成しています。　　　　　　　(205題)

発展例題
やや発展的な問題を取り上げ, 解法の「指針」と「解説」を丁寧に示しました。関連する「発展問題」の番号を示しています。　　　　　　　(15題)

|発|展|問|題|
応用力を養成するために, 最近の大学入試問題を中心に構成しました。すべての問題に「ヒント」を添えています。　　　　　　　(55題)

|考|察|問|題|
各章末には, 特に考察を要する問題や複数の節に関係する融合問題などを取り上げました。すべての問題に「ヒント」を添えています。　　　　　　　(20題)

【その他】巻末には,「大学入学共通テスト対策問題」,「論述問題」を設けています。必要に応じてご利用ください。

次のマークをそれぞれの内容に付し, 利用しやすくしています。

資質・能力を表すマーク	**知識** ……知識・技能を特に要する問題。
	思考 ……思考力・判断力・表現力を特に要する問題。
科目の範囲を表すマーク	**物理** ……「物理」科目の学習事項を含む内容。
	発展 ……「物理基礎」「物理」科目の範囲外の内容。
問題のタイプを表すマーク	**記述** ……記述形式の設問を含む問題。
	実験 ……実験を題材とした問題。
	三角比 ……解答を求める際に三角比の内容が必要となる例題, 問題。
	やや難 ……やや難しい問題。

本書に掲載している大学入試問題の解答・解説は弊社で作成したものであり, 各大学から公表されたものではありません。

CONTENTS

■学習支援サイト「プラスウェブ」のご案内

スマートフォンやタブレット端末機などを使って，以下のコンテンツにアクセスすることができます。　https://dg-w.jp/b/e6f0001

❶例題・問題の解説動画（該当のものには ▶ マークをつけています）
❷大学入試問題の分析と対策
❸セルフチェックシート（学習状況の記録用）

[注意] コンテンツの利用に際しては，一般に，通信料が発生します。

序章 | 物理の基礎練習

1 指数

$10=10^1$, $10 \times 10=10^2$, $10 \times 10 \times 10=10^3$, …のように，10を n 個かけあわせたものを 10^n とかき，n を 10^n の**指数**という。n を正の整数とし，10^0, 10^{-n} は次のように定められる。

$$10^0=1 \quad \cdots ① \qquad 10^{-n}=\frac{1}{10^n} \quad \cdots ②$$

〈例〉 $\underbrace{300000000}_{0 \text{ が } 8 \text{ 個}}=3 \times 10^8$ $\qquad \underbrace{0.0000000005}_{0 \text{ が } 10 \text{ 個}}=5 \times 10^{-10}$

●**指数計算の法則** m, n を整数として，次の関係が成り立つ。

$$10^m \times 10^n=10^{m+n} \quad \cdots ③ \qquad 10^m \div 10^n=10^{m-n} \quad \cdots ④ \qquad (10^m)^n=10^{m \times n} \quad \cdots ⑤$$

2 有効数字とその計算

❶**有効数字** 測定で得られた意味のある数字。有効数字の桁数を明確にするため，物理量の数値は，$\square \times 10^n$ の形で表される（$1 \leqq \square < 10$）。

❷**測定値の計算** 測定値の計算では，計算結果にも誤差が含まれるため，有効数字の桁数を考慮しなければならない。

(a) **足し算・引き算** 計算結果の末位を，最も末位の高いものにそろえる。

〈例〉 $12.1\,\text{cm}+2.55\,\text{cm}=14.65\,\text{cm}$　　$14.7\,\text{cm}$

最も末位の高い数値は12.1である。計算結果14.65の末位をこの数値にそろえるためには，小数第2位の5を四捨五入して，14.7とする。

```
   1 2.1
+)   2.5 5
   1 4.6-5
       7
```
■：誤差を含む部分

(b) **掛け算・割り算** 計算結果の桁数を，有効数字の桁数が最も少ないものにそろえる。

〈例〉 $45.1\,\text{cm} \times 6.8\,\text{cm}=306.68\,\text{cm}^2$　　$3.1 \times 10^2\,\text{cm}^2$

有効数字の桁数が最も少ない数値は6.8である。計算結果306.68の桁数をこの桁数にそろえるためには，1の位の6を四捨五入して，$310=3.1 \times 10^2$ とする。

```
      4 5.1
×)      6.8
    3 6.0 8
  2 7 0.6
  3 0-6.6 8
      1
```

(c) **定数を含む計算** π や $\sqrt{2}$ のような定数は，測定値の桁数よりも1桁多くとって計算する。

〈例〉 $\pi \times 1.3\,\text{cm}=3.14 \times 1.3\,\text{cm}=4.08 \cdots \text{cm}$　　$4.1\,\text{cm}$

測定値1.3の有効数字は2桁であるため，円周率を表す π は，有効数字を3桁として計算する。計算結果4.08…の有効数字は2桁になるため，小数第2位を四捨五入して，4.1とする。

途中計算の結果は，有効数字の桁数よりも1桁多くとり，最後に得られた数値を四捨五入して有効数字の桁数にあわせる。また，円周を表す式 $2\pi r$（r は円の半径）の2のような数値は，正確な値であり，有効数字を考慮しなくてよい。

知識
1. 指数の計算 ● 次の指数の計算をせよ。

(1) $10^4 \times 10^5$ (2) $10^{11} \times 10^{-12}$ (3) $10^{12} \div 10^6$

(4) $10^{12} \div 10^{-6}$ (5) $(10^4)^2$ (6) $(10^{-2})^3$

知識
2. 有効数字の桁数 ● 次の測定値について，有効数字の桁数を示せ。

(1) 2.5   (2) 2.50   (3) 0.0025

(4) 250.0   (5) 2.5×10^9 (6) 2.50×10^{-8}

知識
3. 有効数字の表し方 ● 次のような測定値が得られた。有効数字の桁数に注意して，それぞれの値を $\square \times 10^n$ の形で表せ。ただし，$1 \leqq \square < 10$ とする。

(1) 2998   (2) 299.8   (3) 30

(4) 0.30   (5) 0.003   (6) 0.0030

知識
4. 有効数字の桁数と表し方 ● 次に示す数値は，測定値の計算によって得られたものである。有効数字が2桁，3桁の場合に，各数値はどのように表されるか。数値を四捨五入し，$\square \times 10^n$ の形でそれぞれ表せ。ただし，$1 \leqq \square < 10$ とする。

(1) 9.80665   (2) 299792458   (3) 0.000165521

知識
5. 測定値の計算 ● 有効数字の桁数に注意して，次の測定値の計算をせよ。

(1) $2.6 + 1.6$ (2) $5.1 + 3.56$ (3) $8.5 + 4.5$ (4) $4.2 - 0.6$

(5) $4.2 - 0.76$ (6) $12 - 4.3$ (7) 2.0×3.0 (8) 1.5×2.5

(9) 1.75×2.1 (10) $2.0 \div 3.0$ (11) $2.00 \div 3.0$ (12) $1.5 \div 0.80$

知識
6. 定数を含む計算 ● 有効数字の桁数に注意して，次の測定値の計算をせよ。ただし，円周率 $\pi = 3.1415\cdots$，$\sqrt{2} = 1.4142\cdots$，$\sqrt{3} = 1.7320\cdots$ とする。

(1) $3.0 \times \pi$ (2) $\sqrt{2} \times 4.00$ (3) $3.0 \div \sqrt{3}$

知識
7. 複雑な計算 ● 有効数字の桁数に注意して，次の測定値の計算をせよ。

(1) $3.2 \times 10^2 + 2.5 \times 10^2$ (2) $4.75 \times 10^3 + 2.7 \times 10^4$

(3) $5.1 \times 10^{-4} - 2.4 \times 10^{-4}$ (4) $3.72 \times 10^6 - 2.5 \times 10^5$

(5) $(6.0 \times 10^5) \times (2.5 \times 10^2)$ (6) $(4.15 \times 10^3) \times (2.0 \times 10^{-6})$

(7) $(9.6 \times 10^6) \div (1.6 \times 10^3)$ (8) $(7.50 \times 10^4) \div (1.5 \times 10^{-2})$

思考
8. 測定値の計算 ● ある長方形の縦，横の辺の長さが，4.0cm，12.0cm と測定された。長方形の周囲の長さと面積をそれぞれ計算で求め，次の中から適当なものを選べ。

周囲の長さ{ ① 32.0cm   ② 32cm }   面積{ ③ 48.0cm²   ④ 48cm² }

1 | 物体の運動

1 速さと速度

❶速さ 物体が単位時間あたりに移動する距離。距離 x〔m〕を時間 t〔s〕で移動するとき，物体の速さ v は，

$$v=\frac{x}{t} \quad \left(速さ〔m/s〕=\frac{移動距離〔m〕}{経過時間〔s〕}\right) \quad \cdots ①$$

単位は**メートル毎秒**(記号 m/s)，または**キロメートル毎時**(記号 km/h)など。

平均の速さ…式①で計算される値。　**瞬間の速さ**…各瞬間における速さ。

❷等速直線運動 一定の速さで直線上を進む物体の運動。速さ v〔m/s〕で時間 t〔s〕間に移動した距離 x〔m〕は，

$$x=vt \quad \cdots ②$$

x-t グラフ…原点を通る直線。**傾きは速さに相当**。

v-t グラフ…時間軸に平行な直線。**グラフと時間軸とで囲まれた斜線部の面積は，移動距離に相当**。

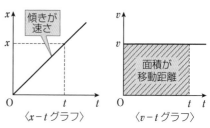

〈x-t グラフ〉　〈v-t グラフ〉

❸変位と速度

(a) **変位** 物体が移動したときの位置の変化。

(b) **速度** 速さと運動の向きをあわせもつ量。速度の大きさが速さである。

等速直線運動は，速度が一定の運動なので**等速度運動**ともいう。

直線上の運動では，正の向きを定め，速度の向きを正，負の符号で表すことができる。

ベクトル…変位や速度のように，**大きさと向きをあわせもつ量**。

スカラー…長さや速さのように，**大きさのみをもつ量**。

❹直線運動の速度

(a) **平均の速度** 単位時間あたりの変位。

物体が時刻 t_1〔s〕から t_2〔s〕までの間に，位置 x_1〔m〕から x_2〔m〕まで移動したとき，その間の平均の速度 $\overline{v}$〔m/s〕は，

$$\overline{v}=\frac{x_2-x_1}{t_2-t_1}=\frac{\varDelta x}{\varDelta t} \quad \cdots ③$$

$$\left(平均の速度〔m/s〕=\frac{変位〔m〕}{経過時間〔s〕}\right)$$

平均の速度 $\overline{v}$ は，x-t グラフの2点A，Bを結ぶ直線の傾きに相当。

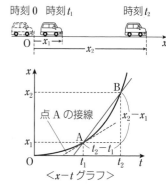

時刻 0　時刻 t_1　　　　時刻 t_2

〈x-t グラフ〉

(b) **瞬間の速度** 式③において，t_2 を限りなく t_1 に近づけたときの平均の速度。単に速度ともいう。**瞬間の速度は，その時刻における x-t グラフの接線の傾きに相当**。

2 速度の合成・分解と相対速度

❶速度の合成・分解

(a) **直線上の速度の合成**
速度 v_1 と v_2 の合成速度 v は,

$$v = v_1 + v_2 \quad \cdots ④$$

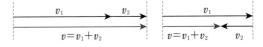

(b) **平面上の速度の合成** 物理 速度 $\vec{v_1}$ と $\vec{v_2}$ の合成速度 $\vec{v}$ は, 平行四辺形の法則から, $\boxed{\vec{v} = \vec{v_1} + \vec{v_2} \quad \cdots ⑤}$

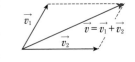

(c) **速度の分解** 物理 速度 $\vec{v}$ を互いに垂直な x 方向と y 方向に分解し, $\vec{v_x}$, $\vec{v_y}$ の大きさに, 向きを示す正, 負の符号をつけた v_x, v_y を x 成分, y 成分といい, これらを速度の成分という。速度 $\vec{v}$ の x 成分 v_x, y 成分 v_y は,

$$\left. \begin{array}{l} v_x = v\cos\theta \\ v_y = v\sin\theta \end{array} \right\} \cdots ⑥ \qquad v = \sqrt{v_x{}^2 + v_y{}^2} \quad \cdots ⑦$$

$$\tan\theta = \frac{v_y}{v_x} \quad \cdots ⑧$$

（三角比・ベクトル ⇨ p.24～27）

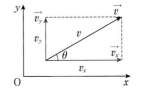

❷相対速度

(a) **直線上の相対速度** 直線上において, 速度 v_A で運動している物体Aから, 速度 v_B で運動している物体Bを見たとき, Aに対するBの相対速度 v_{AB} は,

$$v_{AB} = v_B - v_A \quad \cdots ⑨$$
$$（相対速度）＝（相手の速度）－（観測者の速度）$$

「Aに対する～」は「Aから見た～」の意味。

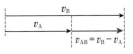
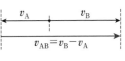

(b) **平面上の相対速度** 物理 平面上において, 速度 $\vec{v_A}$ で運動している物体Aから, 速度 $\vec{v_B}$ で運動している物体Bを見たとき, Aに対するBの相対速度 $\vec{v_{AB}}$ は,

$$\vec{v_{AB}} = \vec{v_B} - \vec{v_A} \quad \cdots ⑩$$

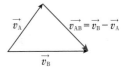

3 加速度と等加速度直線運動

❶加速度

(a) **平均の加速度** 単位時間あたりの速度の変化。直線上を運動する物体の時刻 t_1〔s〕, t_2〔s〕における速度を v_1〔m/s〕, v_2〔m/s〕とすると, その間の平均の加速度 $\bar{a}$ は,

$$\bar{a} = \frac{v_2 - v_1}{t_2 - t_1} = \frac{\Delta v}{\Delta t} \quad \left(平均の加速度〔m/s^2〕 = \frac{速度の変化〔m/s〕}{経過時間〔s〕} \right) \quad \cdots ⑪$$

単位はメートル毎秒毎秒(記号 m/s²)。平均の加速度 $\bar{a}$ は, v-t グラフの2点 A, Bを結ぶ直線の傾きに相当。

(b) **瞬間の加速度** 式⑪で, t_2 を限りなく t_1 に近づけたときの平均の加速度。単に加速度ともいう。時刻 t_1 での瞬間の加速度は, 点Aでの接線の傾きに相当。

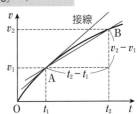

❷等加速度直線運動　直線上を一定の加速度で進む物体の運動。原点Oから初速度 v_0〔m/s〕，加速度 a〔m/s²〕で x 軸上を等加速度直線運動する物体の，時刻 t〔s〕における位置を x〔m〕，速度を v〔m/s〕とすると，

$$v = v_0 + at \quad \cdots ⑫ \qquad x = v_0 t + \frac{1}{2} a t^2 \quad \cdots ⑬ \qquad v^2 - v_0^2 = 2ax \quad \cdots ⑭$$

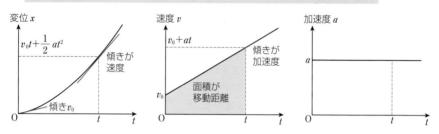

>> **プロセス** >> 次の各問に答えよ。

1 速さ 1.0m/s は何 km/h か。また，54km/h は何 m/s か。

2 距離 80m を 4.0s で進んだ自動車がある。平均の速さは何 m/s か。また何 km/h か。

3 一定の速さ 5.0m/s で直線上を走るとき，9.0s 間に進む距離は何mか。

4 図は，x 軸上を一定の速さで進む物体の，位置 x〔m〕と時刻 t〔s〕との関係を表している。物体の速さは何 m/s か。

5 静水の場合に速さ 5.0m/s で進む船が，速さ 1.0m/s で流れる川を下流から上流に向かって進んでいる。岸から見た船の速度はいくらか。

6 同じ直線上を，右向きに速さ 1.0m/s で歩いているA君と，左向きに速さ 5.0m/s で走っているB君がいる。A君に対するB君の相対速度を求めよ。

7 直線上を右向きに速さ 10m/s で進んでいた物体が，一定の加速度の運動を始めて，5.0s 後に左向きに速さ 20m/s となった。この間の加速度を求めよ。

8 物体が x 軸上を初速度 1.0m/s，一定の加速度 0.50m/s² で 2.0s 間運動すると，速度はいくらになるか。また，この間の変位はいくらか。

9 物体が x 軸上を初速度 1.0m/s，一定の加速度 -0.50m/s² で 6.0s 間運動すると，速度はいくらになるか。また，この間の変位はいくらか。

10 物体が x 軸上を初速度 2.0m/s，一定の加速度 0.50m/s² で運動して，その速度が 3.0 m/s となった。この間の変位はいくらか。

11 図は，x 軸上を一定の加速度で進む物体の，速度 v〔m/s〕と時刻 t〔s〕との関係を表している。時刻 0 s のときの物体の位置を $x=0$m とする。$t=0 \sim 6.0$s の範囲について，物体の位置 x〔m〕を，t を用いて表せ。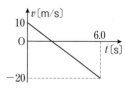

解答 >> ⋯⋯⋯⋯⋯⋯⋯⋯⋯⋯⋯⋯⋯⋯⋯⋯⋯⋯⋯⋯⋯⋯⋯⋯⋯⋯⋯⋯⋯⋯⋯⋯⋯⋯⋯

1 3.6km/h, 15m/s　**2** 20m/s, 72km/h　**3** 45m　**4** 5.0m/s　**5** 上流へ 4.0m/s
6 左向きに 6.0m/s　**7** 左向きに 6.0m/s²　**8** 2.0m/s, 3.0　**9** -2.0m/s, -3.0
10 5.0m　**11** $x = 10t - 2.5t^2$

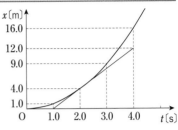

基本例題1　平均の速度と瞬間の速度　⇨基本問題9

図は，x軸上を運動している物体の位置x〔m〕と時刻t〔s〕との関係を表している。図中の直線は，時刻$2.0\,\mathrm{s}$におけるグラフの接線である。次の各問に答えよ。

(1) 時刻$2.0\,\mathrm{s}$から$4.0\,\mathrm{s}$の間の，物体の平均の速度はいくらか。

(2) 時刻$2.0\,\mathrm{s}$における瞬間の速度はいくらか。

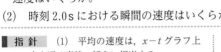

■ **指針** (1) 平均の速度は，$x\text{-}t$グラフ上の2点を通る直線の傾きに相当する。

(2) 瞬間の速度は，その時刻における$x\text{-}t$グラフの接線の傾きに相当する。

■ **解説** (1) 求める平均の速度を$\overline{v}$〔m/s〕とすると，$\overline{v}$は，$(2.0\,\mathrm{s}, 4.0\,\mathrm{m})$，$(4.0\,\mathrm{s}, 16.0\,\mathrm{m})$の2点を通る直線の傾きに相当する。

$$\overline{v}=\frac{16.0-4.0}{4.0-2.0}=6.0\,\mathrm{m/s}$$

(2) 求める瞬間の速度をv〔m/s〕とすると，これは時刻$2.0\,\mathrm{s}$におけるグラフの接線の傾きに相当する。接線は，$(2.0\,\mathrm{s}, 4.0\,\mathrm{m})$，$(4.0\,\mathrm{s}, 12.0\,\mathrm{m})$の2点を通るので，$v=\dfrac{12.0-4.0}{4.0-2.0}=4.0\,\mathrm{m/s}$

基本例題2　速度の合成と相対速度　⇨基本問題11, 13

流れの速さ$2.5\,\mathrm{m/s}$の川がある。次の各問に答えよ。

(1) 静水に対する速さ$3.5\,\mathrm{m/s}$のボートAが，船首を下流に向けて川を進むとき，岸から見たAの速度を求めよ。

(2) ボートAからボートBを見ると，上流に$4.5\,\mathrm{m/s}$の速度で進んでいるように見えた。岸から見たBの速度を求めよ。

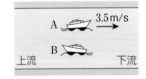

■ **指針** 合成速度，相対速度を求めるには，それぞれの速度をベクトルで図示する。

(1) 速度の合成の式，「$v=v_1+v_2$」を用いる。

(2) 問題文は，Aに対するBの相対速度が，下流から上流の向きに$4.5\,\mathrm{m/s}$であることを意味する。相対速度の式，「$v_{AB}=v_B-v_A$」を用いる。

■ **解説** (1) 上流から下流の向きを正として，岸から見たAの速度をv_A〔m/s〕，静水の場合のAの速度をv_1〔m/s〕，流れの速度をv_2〔m/s〕とすると，$v_1=3.5\,\mathrm{m/s}$，$v_2=2.5\,\mathrm{m/s}$であり，各速度の関係は図のようになる。

$$v_A=v_1+v_2=3.5+2.5=6.0\,\mathrm{m/s}$$

上流から下流の向きに$6.0\,\mathrm{m/s}$

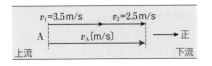

(2) 上流から下流の向きを正として，岸から見たBの速度をv_B〔m/s〕，Aから見たBの速度をv_{AB}〔m/s〕とする。$v_A=6.0\,\mathrm{m/s}$，$v_{AB}=-4.5\,\mathrm{m/s}$であり，$v_{AB}=v_B-v_A$の関係が成り立ち，これらの関係は図のようになる。

$$-4.5=v_B-6.0 \qquad v_B=1.5\,\mathrm{m/s}$$

上流から下流の向きに$1.5\,\mathrm{m/s}$

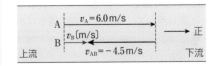

Point ①直線上の運動では，正の向きを定めることで，速度を正，負の符号で表すことができる。②速度は，大きさ（速さ）と向きをもつベクトルであり，「速度を求めよ」と問われた場合は，向きも含めて答える必要がある。

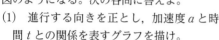
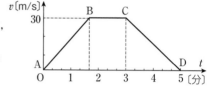

基本例題3　加速度運動のグラフ
→基本問題 17, 18, 21, 22

物体が，直線上を点A〜Dまで運動した。そのときの物体の速さ v と時間 t との関係は，図のようになる。次の各問に答えよ。

(1) 進行する向きを正とし，加速度 a と時間 t との関係を表すグラフを描け。

(2) AD 間の距離を求めよ。

指針 加速度は，v–t グラフの傾きに相当する。また，AD 間の距離は，v–t グラフと時間軸とで囲まれた台形の面積に相当する。

解説 (1) AB 間の加速度 a_{AB}〔m/s²〕は，1分40秒が100秒なので，

$$a_{AB} = \frac{30-0}{100-0} = 0.30\,\text{m/s}^2$$

BC 間の速度の変化は 0 なので，加速度 a_{BC}〔m/s²〕は 0 m/s² となる。CD 間の加速度 a_{CD}〔m/s²〕は，5分が300秒，3分が180秒なので，

$$a_{CD} = \frac{0-30}{300-180} = -0.25\,\text{m/s}^2$$

これから，右のようなグラフが得られる。

(2) 台形 ABCD の面積を求める。BC 間の時間は80秒なので，

$$\frac{(80+300)\times 30}{2} = 5700 = \mathbf{5.7\times 10^3\,m}$$

別解 (2) 等速直線運動の式「$x = vt$」，等加速度直線運動の式「$x = v_0 t + \frac{1}{2}at^2$」を用いる。

AB 間：$\frac{1}{2}\times 0.30\times 100^2 = 1500\,\text{m}$

BC 間：$30\times 80 = 2400\,\text{m}$

CD 間：$30\times 120 + \frac{1}{2}\times(-0.25)\times 120^2 = 1800\,\text{m}$

これらの和を求めると，

$$1500 + 2400 + 1800 = 5700 = \mathbf{5.7\times 10^3\,m}$$

Point v–t グラフが直線の場合，運動は等加速度直線運動であり，その傾きが加速度を表す。傾きが 0 のときは，等速直線運動である。

基本問題

9. 〔知識〕 **x–t グラフ** 図は，x 軸上を運動している物体の位置 x〔m〕と時刻 t〔s〕との関係を示した x–t グラフである。物体の速さはいくらか。 → 例題1

10. 〔知識〕 **平均の速さ** 距離 600 m を往復するのに，往路は一定の速さ 6.0 m/s で進み，すぐに折り返して，復路は一定の速さ 4.0 m/s で進んだ。往復の平均の速さはいくらか。

ヒント 平均の速さの定義にしたがって計算する。

11. 〔知識〕 **速度の合成** 静水に対する速さ 3.0 m/s の船が，流れの速さ 1.0 m/s の川を，流れに沿って 100 m の距離を往復する。次の各問に答えよ。

(1) 流れの向きと同じ向きに進むとき，岸に対する船の速さはいくらか。

(2) 流れの向きと逆向きに進むとき，岸に対する船の速さはいくらか。

(3) 往復にかかる時間はいくらか。 (4) 往復の平均の速さはいくらか。 → 例題2

12. 知識 物理 **速度の分解** 物体が，xy 平面上を図のような速度で進んでいる。物体の速度の x 方向の成分，y 方向の成分をそれぞれ求めよ。

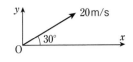

13. 知識 **相対速度** 南向きに速さ 20m/s で進む電車の中に，A君が座っている。A君から見ると，線路に沿って走る自動車の中のB君は，北向きに速さ15m/s で進んでいるように見えた。地面に対するB君の速度を求めよ。 → 例題2

ヒント （相対速度）＝（相手の速度）−（観測者の速度）として，ベクトルを図示する。

14. 知識 物理 **平面運動の相対速度** A君は，南向きに速さ 20m/s で進む電車の中に座っており，Bさんは，線路に対して斜めに交差する道路を走る自動車に乗っている。A君から見ると，Bさんは，東向きに速さ 15m/s で遠ざかっていくように見えた。地面に対するBさんの速さを求めよ。

15. 知識 物理 **平面運動の相対速度** 水平な直線状のレールを，速さ 5.0m/s で走っている電車内の人が，地面に対して鉛直下向きに降る雨を見る。このとき，雨滴は，鉛直方向と30°の角をなして落下しているように見えた。地面に対する雨滴の落下の速さを求めよ。

16. 思考 **運動の解析** 表は，斜面に沿ってすべりおりる物体の連続写真から得られた，位置 x〔cm〕と時刻 t〔s〕との関係を示したものである。次の各問に答えよ。
(1) 物体の 0.1s ごとの変位 Δx〔cm〕，平均の速度 $\bar{v}$〔cm/s〕を計算し，表に記入せよ。
(2) 物体の速度 v〔cm/s〕と時刻 t〔s〕との関係を表すグラフを描け。
(3) 物体の加速度の大きさは何 m/s² か。有効数字を 2 桁として求めよ。

時刻 t〔s〕	位置 x〔cm〕	0.1sごとの 変位 Δx〔cm〕	平均の速度 $\bar{v}$〔cm/s〕
0	1.2		
0.1	4.2		
0.2	9.1		
0.3	16.1		
0.4	25.1		

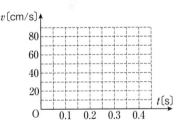

17. 知識 **平均の加速度と瞬間の加速度** 図は，x 軸上を運動している物体の速度 v〔m/s〕と時刻 t〔s〕との関係を表している。図中の直線は，時刻 2.0s における接線である。次の各問に答えよ。
(1) 時刻 2.0〜7.0s の間の平均の加速度を求めよ。
(2) 時刻 2.0s における瞬間の加速度を求めよ。

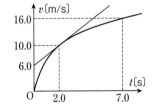

→ 例題3

思考

18. v-t グラフ 図は，x 軸上を運動している物体
の速度 v[m/s] と時刻 t[s] との関係を表している。次
の各問に答えよ。

(1) 物体の加速度を求めよ。

(2) 時刻 0 から 6.0 s までの間の物体の変位を求めよ。

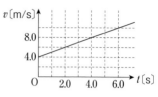

➡ **例題3**

思考

19. 等加速度直線運動 物体が，x 軸上で等加速度直線運動をしている。物体が原点を
通過する時刻を $t=0$ とし，そのときの速度は 10 m/s であった。また，時刻 $t=6.0$ s に
おける速度は，-20 m/s であった。次の各問に答えよ。

(1) 物体の加速度を求めよ。

(2) 速度が正の向きから負の向きに変わるときの時刻を求めよ。

(3) 速度が正の向きから負の向きに変わるときの位置を求めよ。

(4) 時刻 $t=0\sim6.0$ s の間について，v-t グラフと x-t グラフを描け。

知識

20. 等加速度直線運動 物体が，直線上を一定の加速度で運動している。点Aを右向き
に速さ 4.0 m/s で通過したのち，点Aから右に 10 m はなれている点Bを右向きに速さ
6.0 m/s で通過した。次の各問に答えよ。

(1) 物体の加速度を求めよ。

(2) AB 間を進むのにかかった時間を求めよ。

💡 **ヒント** (1)「$v^2-v_0{}^2=2ax$」から加速度を求める。

思考 **記述**

21. 加速度運動のグラフ 図は，x 軸上を運動する
物体の速度 v[m/s] と時刻 t[s] との関係を表してい
る。物体は，$t=0$ のときに原点を出発したものとす
る。時刻 $t=0\sim8.0$ s について，物体の運動のよう
すを記述せよ。記述にあたっては，物体の加速度，
物体が出発点から正の向きに最も遠ざかる時刻と位
置，$t=8.0$ s における物体の位置を明記すること。

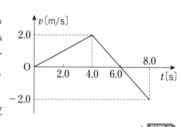

➡ **例題3**

思考

22. 加速度運動のグラフ 図は，時刻 0 s に原点を出発
して，x 軸上を運動する物体の速度 v[m/s] と時刻 t[s]
との関係を表している。

(1) 等速直線運動をして進んだ距離はいくらか。

(2) 時刻 0 ～12.0 s の間について，加速度 a[m/s²] と時
刻 t[s] との関係を表す a-t グラフを描け。

(3) 時刻 0 ～12.0 s の間について，位置 x[m] と時刻 t
[s] との関係を表す x-t グラフを描け。

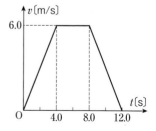

➡ **例題3**

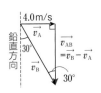
発展例題1　相対速度 [物理]　　　　　　　　　　　　⇒発展問題 28

　観測者が，降っている雨を観察する。観測者が静止しているとき，風の影響によって雨滴は鉛直方向と $30°$ の角をなして落下しているように見え，水平方向に $4.0\,\mathrm{m/s}$ の速さで歩いているとき，鉛直下向きに落下しているように見えた。静止している観測者から見た雨滴の速さは何 m/s か。

■ 指針　観測者の歩く速度を $\vec{v_A}$，静止した観測者が見た雨滴の速度を $\vec{v_B}$，歩く観測者から見た雨滴の相対速度を $\vec{v_{AB}}$ とすると，$\vec{v_{AB}} = \vec{v_B} - \vec{v_A}$ の関係が成り立つ。これらをベクトルで図示して考える。

■ 解説　それぞれの速度は，図のように示される。ベクトルで描かれた直角三角形において，

$\vec{v_B}$ と $\vec{v_{AB}}$ との間の角は $30°$ であり，$v_A = 4.0\,\mathrm{m/s}$ なので，

$$v_B \sin 30° = v_A$$
$$v_B \times \frac{1}{2} = 4.0$$
$$v_B = 8.0\,\mathrm{m/s}$$

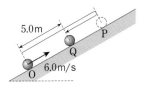

発展例題2　等加速度直線運動　　　　　　　　　　　⇒発展問題 24, 25, 26

　斜面上の点Oから，初速度 $6.0\,\mathrm{m/s}$ でボールを斜面に沿って上向きに投げた。ボールは点Pまで上昇したのち，下降し始めて，点Oから $5.0\,\mathrm{m}$ はなれた点Qを速さ $4.0\,\mathrm{m/s}$ で斜面下向きに通過し，点Oにもどった。この間，ボールは等加速度直線運動をしたとして，斜面上向きを正とする。

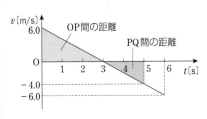

(1)　ボールの加速度を求めよ。

(2)　ボールを投げてから，点Pに達するのは何s後か。また，OP間の距離は何mか。

(3)　ボールの速度 v と，投げてからの時間 t との関係を表す v-t グラフを描け。

(4)　ボールを投げてから，点Qを速さ $4.0\,\mathrm{m/s}$ で斜面下向きに通過するのは何s後か。また，ボールはその間に何m移動したか。

■ 指針　時間 t が与えられていないので，「$v^2 - v_0^2 = 2ax$」を用いて加速度を求める。また，最高点Pにおける速度は0となる。v-t グラフを描くには，速度 v と時間 t との関係を式で表す。

■ 解説　(1)　点O，Qにおける速度，OQ間の変位の値を「$v^2 - v_0^2 = 2ax$」に代入する。

$$(-4.0)^2 - 6.0^2 = 2 \times a \times 5.0 \quad a = -2.0\,\mathrm{m/s^2}$$

(2)　点Pでは速度が0になるので，「$v = v_0 + at$」から，

$$0 = 6.0 - 2.0 \times t \qquad t = 3.0\,\mathrm{s} \qquad \textbf{3.0s後}$$

OP間の距離は，「$v^2 - v_0^2 = 2ax$」から，

$$0^2 - 6.0^2 = 2 \times (-2.0) \times x \qquad x = \textbf{9.0m}$$

（「$x = v_0 t + \dfrac{1}{2} at^2$」からも求められる。）

(3)　投げてから t [s] 後の速度 v [m/s] は，「$v = v_0 + at$」から，　$v = 6.0 - 2.0t$

v-t グラフは，図のようになる。

（グラフ）
v [m/s]　OP間の距離　PQ間の距離
6.0
4.0
O　1　2　3　4　5　6　t [s]
−4.0
−6.0

(4)　「$v = v_0 + at$」から，　$-4.0 = 6.0 + (-2.0) \times t$

$$t = 5.0\,\mathrm{s} \qquad \textbf{5.0s後}$$

ボールの移動距離は，v-t グラフから，OP間の距離とPQ間の距離を足して求められ，

$$\frac{6.0 \times 3.0}{2} + \frac{(5.0 - 3.0) \times 4.0}{2} = \textbf{13.0m}$$

Point　v-t グラフで，t 軸よりも下の部分の面積は，負の向きに進んだ距離を表す。

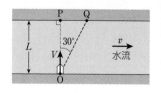

知識 物理

23. 平面上の速度の合成 幅 L の実験用の水槽と，静水に対して一定の速さ V で進む小さな模型の船がある。図のように，水槽内には壁面に平行に一定の速さ v の水流が発生している。点Oから船首を真向かいの壁の点Pに向けて出発すると，船は壁面に垂直な方向から 30° をなす方向に進み，点Qに達した。(2)～(3)では V を用いずに答えよ。

(1) 船の速さ V を，v を用いて表せ。

(2) 出発してから水槽を横切るのに要する時間と，PQ間の距離を求めよ。

(3) 次に，真向かいの点Pに到達するため，上流に船首を向けて点Oから出発した。船が水槽を横切るのに要する時間を求めよ。

(23. 獨協医科大 改)

思考

▶ **24. v–t グラフ** 図1のように，ある物体が x 軸上で等加速度直線運動をしている。原点Oを通過してから点Aに到達し，15.0 s 後には点Bに達した。図2は，物体の速度 v〔m/s〕と点Oを通過してからの時間 t〔s〕との関係を表している。次の各問に答えよ。

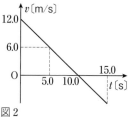

(1) 物体がAに達するまでの時間を求めよ。

(2) 物体がAからBへもどったときの速度を求めよ。

(3) A，Bの x 座標をそれぞれ求めよ。

(4) 点Oを通過してからBに達するまでの，物体の運動を表す x–t グラフを描け。 (20. 金沢医科大 改)

→ 例題2

思考

▶ **25. a–t グラフと v–t グラフ** S地点から出発した飛行機が，L地点を目指して飛行した。Lに着陸するまでの水平方向の加速度，および鉛直方向の速度が，それぞれ図(a)，(b)で表されている。有効数字を2桁として，次の各問に答えよ。

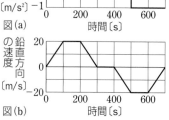

(1) 離陸してから 200 s 後の高度と，S地点からの水平距離はそれぞれ何 km か。

(2) 飛行中の最大高度は何 km か。

(3) SL間の水平距離は何 km か。 (名城大 改)

→ 例題2

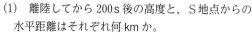

ヒント

23 静水に対する船の速度と，水流の速度を合成した速度で，船は水槽内を進む。

24 (3) v–t グラフと時間軸との間で囲まれる面積は，移動距離を表す。

25 (2) 図(b)のグラフから，0～300 s の間，飛行機は上昇していることがわかる。

26. [知識] **等加速度直線運動** ▨ 自動車が，水平な直線道路を走行する。この自動車は，停止していた状態から，加速度 a〔m/s²〕の等加速度直線運動を開始し，速度 v〔m/s〕に達したのち，ある時間の間，この速度で等速度運動をした。その後，最初の加速度の半分の大きさで減速して，ある地点に停止した。自動車が運動を開始してから停止するまでに要した全時間を T〔s〕として，次の各問に答えよ。

(1) 自動車が等速度運動をしていた時間 t〔s〕と，その間の走行距離 s〔m〕を，a，v，T を用いて表せ。

(2) 自動車が運動を開始してから停止するまでの全走行距離 S〔m〕を，a，v，T を用いて表せ。

(3) 等速度運動をしていた時間 t〔s〕は，全所要時間 T〔s〕の半分であったとする。速度 v を，a，T を用いて表せ。

(高知大　改)　➡ 例題2

27. [思考] **2物体の運動** ▨ 物体AとBが，図の v–t グラフのような速度で，一直線上を動いている。時刻 $t=0$ s のとき，両者は同じ位置にあったとして，次の各問に答えよ。

(1) $0 \leqq t \leqq 8.0$ s の範囲において，AとBの間の距離が最大となる時刻 t は何 s か。

(2) $0 \leqq t \leqq 8.0$ s の範囲において，AとBの間の距離が最大のとき，その値は何 m か。

(3) AがBに追いつく時刻 t は何 s か。

(4) $0 \leqq t \leqq 8.0$ s の範囲において，時刻 0 s での位置からの移動距離 x〔m〕を縦軸，時刻 t〔s〕を横軸にとり，A，Bの x–t グラフを1つの図にまとめて描け。

28. [知識] [物理] **相対速度** ▨ 静止していた2台の自動車A，Bが，ある地点Pを同時に出発した。自動車Aは，東向きに加速度 $a_A=2.0$ m/s²，自動車Bは，南向きに加速度 $a_B=1.0$ m/s² で等加速度直線運動をしたとする。次の各問に答えよ。

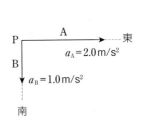

(1) 点Pを出発してから10 s後のA，B間の距離を求めよ。

(2) 点Pを出発して10 s後のAに対するBの相対速度の大きさを求めよ。　➡ 例題1

💡 **ヒント** ....

26　自動車の運動のようすを表す v–t グラフを描いて考える。

27　(1) はじめ，AよりもBが速く，AB間の距離は広くなっていく。$t=4.0$ s以降では，Aの方が速くなり，AB間の距離は狭くなっていく。

28　(2) Aに対するBの相対速度は，（Bの速度）−（Aの速度）で求められる。

2 | 落下運動

1 落下運動

❶重力加速度　空気抵抗が無視できれば，物体はその質量に関係なく，同じ加速度で落下する[*]。地上付近で，物体が重力のみを受けて落下するときの加速度を**重力加速度**という。重力加速度は鉛直下向きで，その大きさは記号 g で表され，$9.8\,\mathrm{m/s^2}$ で一定である。

重力加速度の大きさ $g=9.8\,\mathrm{m/s^2}$

❷自由落下　初速度 0 で落下する物体の運動。

❸鉛直投げおろし　速さ v_0 で，鉛直下向きに投げおろされた物体の運動。

❹鉛直投げ上げ　速さ v_0 で，鉛直上向きに投げ上げられた物体の運動。

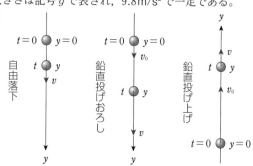

	y軸の向き	加速度	速度	位置	v–yの関係式
自由落下	下向きが正	g	$v=gt$	$y=\dfrac{1}{2}gt^2$	$v^2=2gy$
鉛直投げおろし	下向きが正	g	$v=v_0+gt$	$y=v_0t+\dfrac{1}{2}gt^2$	$v^2-v_0{}^2=2gy$
鉛直投げ上げ	上向きが正	$-g$	$v=v_0-gt$	$y=v_0t-\dfrac{1}{2}gt^2$	$v^2-v_0{}^2=-2gy$

2 放物運動 物理

❶水平投射　速さ $v_0\,\mathrm{[m/s]}$ で水平に投げ出された物体の運動は，水平方向と鉛直方向に分けて考えることができる。

　　水平方向…等速直線運動。

　　鉛直方向…自由落下と同じ運動。

速度の x 成分 $v_x\,\mathrm{[m/s]}$，y 成分 v_y $\mathrm{[m/s]}$，位置の x 座標，y 座標は，それぞれ次のように表される。

$$v_x=v_0 \quad \cdots① \qquad x=v_0t \quad \cdots②$$

$$v_y=gt \quad \cdots③ \qquad y=\dfrac{1}{2}gt^2 \quad \cdots④$$

軌道を表す式：$y=\dfrac{g}{2v_0{}^2}x^2 \quad \cdots⑤$

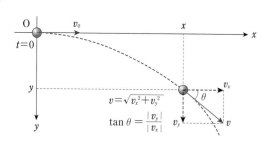

$$v=\sqrt{v_x{}^2+v_y{}^2}$$

$$\tan\theta=\dfrac{|v_y|}{|v_x|}$$

＊本書では，特にことわらない限り，物体が受ける空気抵抗を無視して考える。

❷斜方投射　水平から角度 θ 上向きに，速さ v_0〔m/s〕で投げ出された物体の運動は，水平方向と鉛直方向に分けて考えることができる。

　　水平方向…等速直線運動。

　　鉛直方向…鉛直投げ上げと同じ運動。

速度の x 成分 v_x〔m/s〕，y 成分 v_y〔m/s〕，位置の x 座標，y 座標は，次のように表される。

$$v_x = v_0 \cos\theta \quad \cdots ⑥ \qquad x = v_0 \cos\theta \cdot t \quad \cdots ⑦$$

$$v_y = v_0 \sin\theta - gt \quad \cdots ⑧ \qquad y = v_0 \sin\theta \cdot t - \frac{1}{2}gt^2 \quad \cdots ⑨$$

軌道を表す式：$y = \tan\theta \cdot x - \dfrac{g}{2v_0^2 \cos^2\theta}x^2 \quad \cdots ⑩$

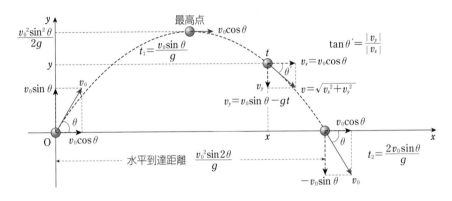

▶▶ プロセス ▶▶　重力加速度の大きさを $9.8\,\text{m/s}^2$ として，次の各問に答えよ。

1　小球を自由落下させた。1.0 s 後の速さと落下距離を求めよ。

2　小球を速さ10m/sで鉛直下向きに投げおろした。2.0 s 後の速さと落下距離を求めよ。

3　小球を鉛直上向きに速さ 9.8m/s で投げ上げたとき，最高点に達するのは何 s 後か。また，最高点の高さはいくらか。

4　鉛直上向きに投げ上げられた小球が，最高点に達したときの速度と加速度を求めよ。

5　小球を速さ 5.0m/s で水平方向に投げた。1.0 s 後の小球の速度の水平成分の大きさと，鉛直成分の大きさはそれぞれいくらか。 物理

6　図のように，小球を水平から 60° 上向きに速さ 40m/s で打ち上げた。最高点での速度の水平成分の大きさと，鉛直成分の大きさはそれぞれいくらか。 物理

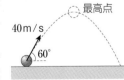

解答 ▶▶

1 9.8m/s，4.9m　　**2** 30m/s，40m　　**3** 1.0 s 後，4.9m　　**4** 0 m/s，鉛直下向きに $9.8\,\text{m/s}^2$

5 5.0m/s，9.8m/s　　**6** 20m/s，0m/s

基本例題4　自由落下

→基本問題 29, 30, 31

橋の上から小球を静かに落としたところ，2.0 s 後に水面に達した。重力加速度の大きさを 9.8 m/s² として，次の各問に答えよ。

(1)　水面から橋までの高さはいくらか。

(2)　水面に達する直前の速さはいくらか。

(3)　橋の高さの中央を通過するときの速さはいくらか。

指針　小球を落とした位置を原点とし，鉛直下向きに y 軸をとり，自由落下の公式を用いる。自由落下をする物体の速さは，時間に比例して大きくなるが，距離に比例しないことに注意する。

解説　(1)　$t=2.0$ s で水面に達するので，

「$y=\dfrac{1}{2}gt^2$」から，

$$y=\dfrac{1}{2}\times9.8\times2.0^2=19.6\,\text{m}\qquad \textbf{20 m}$$

(2)　$t=2.0$ s のときの速さは，「$v=gt$」から，

$v=9.8\times2.0=19.6\,\text{m/s}$　　**20 m/s**

(3)　時間 t が与えられていないので，「$v^2=2gy$」の式を用いる。

$$v=\sqrt{2\times9.8\times\dfrac{19.6}{2}}=\sqrt{2\times9.8^2}$$

$$=9.8\sqrt{2}=9.8\times1.41=13.8\,\text{m/s}$$

14 m/s

Point　①問題文の「静かに落とした」とは，初速度0で落下させたという意味である。
②ルートの計算では，ルートの中にある数値を，2乗の積に整理できる場合がある。

基本例題5　鉛直投げ上げ

→基本問題 34, 35, 36, 37

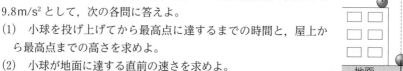

ある高さのビルの屋上から，鉛直上向きに速さ 9.8 m/s で小球を投げ上げたところ，3.0 s 後に地面に達した。重力加速度の大きさを 9.8 m/s² として，次の各問に答えよ。

(1)　小球を投げ上げてから最高点に達するまでの時間と，屋上から最高点までの高さを求めよ。

(2)　小球が地面に達する直前の速さを求めよ。

(3)　地面からのビルの高さを求めよ。

指針　ビルの屋上を原点とし，鉛直上向きに y 軸をとって，鉛直投げ上げの公式を用いる。投げ上げられた小球が最高点に達するとき，その速度は0となる。

解説　(1)　速度が0となるときが最高点になる。求める時間 t〔s〕は，「$v=v_0-gt$」から，

$0=9.8-9.8\times t$　　$t=\textbf{1.0 s}$

求める高さを y_1〔m〕とすると，

「$y=v_0t-\dfrac{1}{2}gt^2$」から，

$$y_1=9.8\times1.0-\dfrac{1}{2}\times9.8\times1.0^2=\textbf{4.9 m}$$

(2)　求める速さは，投げ上げてから 3.0 s 後の速さである。「$v=v_0-gt$」から，

$v=9.8-9.8\times3.0=-19.6\,\text{m/s}$　　**−20 m/s**

したがって，速さは **20 m/s**

（v の負の符号は，速度が鉛直下向きであることを表している。）

(3)　求める高さは，投げ上げてから 3.0 s 後の y 座標 y_2〔m〕の大きさである。「$y=v_0t-\dfrac{1}{2}gt^2$」から，

$$y_2=9.8\times3.0-\dfrac{1}{2}\times9.8\times3.0^2=-14.7\,\text{m}$$

これは，屋上を原点としたときの地面の y 座標である。したがって，ビルの高さは **15 m**

Point　y 軸の原点を地面にとるとは限らない。屋上を原点にとって，鉛直上向きを正としているので，地面の座標は負の値で表される。

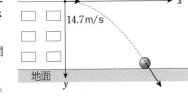

基本例題6　水平投射 物理

→基本問題40

高さ19.6mのビルの屋上から，小球を水平に速さ14.7m/sで投げ出した。重力加速度の大きさを9.8m/s²として，次の各問に答えよ。

(1) 投げ出してから，地面に達するまでの時間を求めよ。

(2) 小球は，ビルの前方何mの地面に達するか。

(3) 地面に達する直前の小球の速さを求めよ。

■ 指 針　投げ出した位置を原点とし，水平右向きにx軸，鉛直下向きにy軸をとる。小球の運動は，x方向では等速直線運動，y方向では自由落下と同じ運動をする。

■ 解 説　(1) 地面のy座標は19.6mであるから，「$y=\frac{1}{2}gt^2$」を用いて，

$$19.6=\frac{1}{2}\times 9.8\times t^2 \qquad t^2=4.0$$

$t=\pm 2.0$s　$t>0$なので，$t=-2.0$sは解答に適さない。したがって，**2.0s**

(2) 地面に達するまでの2.0秒間，小球は，水平方向に速さ14.7m/sの等速直線運動をする。

$$x=v_x t=14.7\times 2.0=29.4\text{m} \qquad \textbf{29m}$$

(3) 鉛直方向の速度の成分v_yは，

$$v_y=gt=9.8\times 2.0=19.6\text{m/s}$$

小球の速さv〔m/s〕は，水平方向と鉛直方向の速度を合成し，その大きさとして求められる。

$$v=\sqrt{v_x{}^2+v_y{}^2}=\sqrt{14.7^2+19.6^2}$$
$$=\sqrt{(4.9\times 3)^2+(4.9\times 4)^2}=4.9\sqrt{3^2+4^2}$$
$$=4.9\times 5=24.5\text{m/s} \qquad \textbf{25m/s}$$

基本例題7　斜方投射 物理

→基本問題41, 42

水平な地面から，水平とのなす角が30°の向きに，速さ40m/sで小球を打ち上げた。図のようにx軸，y軸をとり，重力加速度の大きさを9.8m/s²として，次の各問に答えよ。

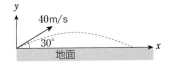

(1) 打ち上げてから0.20s後の速度のx成分，y成分と，位置のx座標，y座標を求めよ。

(2) 打ち上げてから最高点に達するまでの時間を求めよ。

(3) 地面に達したときの水平到達距離を求めよ。

■ 指 針　小球は，x方向には速さ$40\cos 30°$m/sの等速直線運動をし，y方向には初速度$40\sin 30°$m/sの鉛直投げ上げと同じ運動をする。最高点に達したとき，小球の速度の鉛直成分は0であり，打ち上げてから地面に達するまでの時間は，最高点に達するまでの時間の2倍となる。

■ 解 説　(1) 速度のx成分，y成分は，

$$v_x=40\cos 30°=40\times\frac{\sqrt{3}}{2}=20\sqrt{3}$$
$$=20\times 1.73=34.6\text{m/s} \qquad \textbf{35m/s}$$
$$v_y=v_0\sin\theta-gt=40\sin 30°-9.8\times 0.20$$
$$=40\times\frac{1}{2}-1.96=18.0\text{m/s} \qquad \textbf{18m/s}$$

位置のx座標，y座標は，

$$x=v_x t=34.6\times 0.20=6.92\text{m} \qquad \textbf{6.9m}$$
$$y=v_0\sin\theta\cdot t-\frac{1}{2}gt^2$$
$$=40\sin 30°\times 0.20-\frac{1}{2}\times 9.8\times 0.20^2$$
$$=3.80\text{m} \qquad \textbf{3.8m}$$

(2) 求める時間は，$v_y=0$となるときであり，「$v_y=v_0\sin\theta-gt$」から，

$$0=40\sin 30°-9.8\times t \qquad t=2.04\text{s} \qquad \textbf{2.0s}$$

(3) 水平方向には等速直線運動をし，地面に達するまでに(2)で求めた時間の2倍かかるので，

$$x=v_x t=34.6\times(2.04\times 2)=141\text{m}$$
$$\textbf{1.4}\times\textbf{10}^2\textbf{m}$$

第Ⅰ章　運動とエネルギー

29. 知識 **自由落下** ● ビルの屋上から小球を静かに落としたところ，4.0 s 後に地面に達した。地面に達する直前の小球の速さと，ビルの高さを求めよ。ただし，重力加速度の大きさを 9.8m/s² とする。
➡ 例題 4

30. 知識 **自由落下** ● 高さ 44.1 m のビルの屋上から，小球を自由落下させた。地面に達するまでの時間と，地面に達する直前の小球の速さを求めよ。ただし，重力加速度の大きさを 9.8m/s² とする。
➡ 例題 4

31. 知識 **自由落下に要する時間** ● 小球を h〔m〕だけ自由落下させた。重力加速度の大きさを g〔m/s²〕とし，小球が落下するのに要する時間について，次の各問に答えよ。

(1) 小球が h〔m〕を落下するのに要する時間はいくらか。

(2) 小球が前半の $\dfrac{h}{2}$〔m〕を落下するのに要する時間はいくらか。

(3) 小球が後半の $\dfrac{h}{2}$〔m〕を落下するのに要する時間はいくらか。
➡ 例題 4

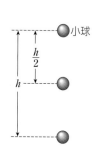

32. 知識 **鉛直投げおろし** ● 高さ 39.2 m のビルの屋上から，小球を初速度 9.8m/s で鉛直下向きに投げおろした。重力加速度の大きさを 9.8 m/s² として，次の各問に答えよ。

(1) 小球が地面に達するのは何 s 後か。

(2) 小球が地面に達する直前の速さを求めよ。

(3) 小球がビルの中央を通過するときの速さを求めよ。

33. 思考 **鉛直投げおろしのグラフ** ● 地面から高さ H の位置で小球Aを自由落下させると同時に，高さ $2H$ の位置から小球Bを鉛直下向きに投げおろすと，A，Bは同時に地面に達した。小球の速さ v を縦軸に，落下時間 t を横軸にとったとき，小球Bのグラフは，図の①～③のうちのどれか。ただし，図の破線は小球Aのグラフであり，T は小球が地面に達するまでの時間である。

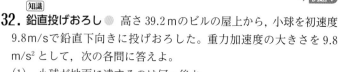
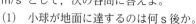
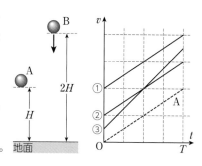

34. 知識 **鉛直投げ上げ** ● 地面から，鉛直上向きに速さ v_0 で小球を投げ上げた。地上からの高さ h の点を通過するとき，小球の速さはいくらか。ただし，重力加速度の大きさを g とする。
➡ 例題 5

35. 鉛直投げ上げ 地面から，速さ 19.6m/s で鉛直上向きに小球を
投げ上げた。重力加速度の大きさを 9.8m/s² とする。

(1) 地上 14.7m の点を小球が通り過ぎるのは何 s 後か。

(2) 小球が最高点に達するまでの時間は何 s か。

(3) 最高点の高さは何 m か。

(4) 小球が再び地面に落ちてくるまでの時間と，そのときの速度を
それぞれ求めよ。 ➡ 例題5

💡**ヒント** (2) 最高点では速度が 0 となる。

36. 鉛直投げ上げ 海面からの高さが 29.4m の位置から，小球を初速度 24.5m/s で鉛
直上向きに投げ上げた。次の各問に答えよ。ただし，重力加速度の大きさを 9.8m/s² と
する。

(1) 小球を投げ上げてから，海に落ちるまでの時間はいくらか。

(2) 小球が海面に達する直前の速さはいくらか。

(3) 海面から最高点までの高さはいくらか。 ➡ 例題5

37. 鉛直投げ上げの v−t グラフ 図は，地面から速さ v_0
〔m/s〕で鉛直上向きに投げ上げた小球の，速度 v〔m/s〕と
時刻 t〔s〕との関係を表している。時刻 0 s のときに投げ上
げたものとし，鉛直上向きを正とする。次の各問に答えよ。
ただし，重力加速度の大きさを 9.8m/s² とする。

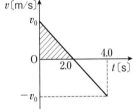

(1) 小球が最高点に達する時刻を求めよ。

(2) 小球の初速度を求めよ。

(3) 図の斜線部の面積を求め，それが何を表すかを答えよ。

(4) 小球の地面からの高さを y〔m〕とし，$t=0 \sim 4.0$ s の間の $y−t$ グラフを描け。 ➡ 例題5

38. 気球からの落下 速さ 4.9m/s で上昇している気球から，小球を静かに落下させた
ところ，4.0 s 後に地面に到達した。小球をはなした位置の地面からの高さはいくらか。
ただし，重力加速度の大きさを 9.8m/s² とする。

💡**ヒント** 気球から静かにはなした直後の小球は，地面から見たとき，気球の速度と同じ速度で運動して
いるように見える。

39. 気球からの落下 図のように，速さ 9.8m/s で上昇している
気球が，地上 73.5m の高さを通過したとき，気球から静かに小球
を落下させた。次の各問に答えよ。ただし，重力加速度の大きさ
を 9.8m/s² とする。

(1) 小球が地面に達するのは何 s 後か。

(2) 小球が地面に達する直前の速さを求めよ。

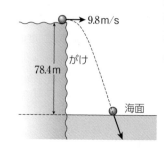

[知識] [物理]

40. 水平投射 高さ 78.4 m のがけから水平方向に 9.8 m/s の速さで小球を投げ出した。重力加速度の大きさを 9.8m/s² として，次の各問に答えよ。

(1) 小球が投げ出されてから，1.0 s 後の速さはいくらか。

(2) 小球が投げ出されてから，海面に達するまでの時間を求めよ。

(3) 小球が海面に達した位置は，投げ出された地点の真下の海面の位置から何mはなれているか。

→ 例題6

[知識] [物理]

41. 斜方投射 水平な地面上の点Pから，小球を斜め上方に投射した。小球は，放物線を描いて飛び，Pと同じ高さの地面上にある点Qに落ちた。小球を投げ上げたときの，初速度の水平方向の成分は 10m/s，鉛直方向の成分は 19.6m/s であった。重力

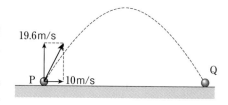

加速度の大きさを 9.8m/s² として，次の各問に答えよ。

(1) 最高点に達するまでの時間と，最高点の高さを求めよ。

(2) 点Qに落ちる直前の，小球の速度の水平成分と鉛直成分の大きさを求めよ。

(3) 点Pから点Qまでの距離を求めよ。

→ 例題7

[知識] [物理] [三角比]

42. 斜方投射 水平面上の点Oから，水平とのなす角が θ の向きに小球を投げ上げた。初速度の大きさを V_0，投げ上げた位置を原点とし，水平右向きに x 軸，鉛直上向きに y 軸をとる。投げ上げた時刻を $t=0$ とし，重力加速度の大きさを g とする。次の各問に答えよ。

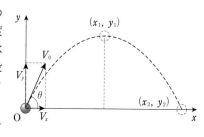

(1) 初速度の x 成分 V_x，y 成分 V_y をそれぞれ求めよ。

(2) 時刻 t における速度の x 成分 v_x，y 成分 v_y を，V_0，θ，g，t を用いてそれぞれ表せ。

(3) 時刻 t における小球の位置を示す座標(x, y)を，V_0，θ，g，t を用いて表せ。

(4) 最高点に達する時刻 t_1 と，最高点の位置を示す座標(x_1, y_1)を，V_0，θ，g を用いてそれぞれ表せ。

(5) 小球が再び地面に達する時刻 t_2 と，地面に落下した地点の位置を示す座標(x_2, y_2)を，V_0，θ，g を用いてそれぞれ表せ。

→ 例題7

💡 ヒント (1) 三角比を用いて，小球の速度を分解する。

(4) 最高点では速度の鉛直方向の成分が 0 となる。

(5) 再び地面に達したとき，高さ(y 座標)が 0 である。

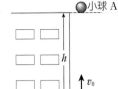

発展例題3　自由落下と鉛直投げ上げ

⇒発展問題 43, 44

　高さ h のビルの屋上から, 小球Aを自由落下させると同時に, その真下の地面から, 小球Bを速さ v_0 で鉛直上向きに投げ上げたところ, 空中でAとBが衝突した。重力加速度の大きさを g として, 次の各問に答えよ。

(1)　時間 t 経過後の, Aの屋上からの落下距離 y_A を求めよ。

(2)　時間 t 経過後の, Bの地面からの高さ y_B を求めよ。

(3)　衝突した地点の地面からの高さを求めよ。

■ 指針　小球Aの落下距離は, 自由落下の公式を用いて求める。また, 小球Bの高さは, 鉛直投げ上げの公式を用いて求める。両者が衝突した地点では, $y_A + y_B = h$ の関係が成り立っており, (1), (2)の結果を利用する。

■ 解説　(1)　落下距離 y_A は, $y_A = \dfrac{1}{2}gt^2$

(2)　高さ y_B は, $y_B = v_0 t - \dfrac{1}{2}gt^2$

(3)　衝突した地点では, $y_A + y_B = h$ の関係が成り立つ。(1), (2)の結果を用いて,

$$\frac{1}{2}gt^2 + v_0 t - \frac{1}{2}gt^2 = h \qquad t = \frac{h}{v_0}$$

これを(2)の y_B の式に代入して,

$$y = v_0 \times \frac{h}{v_0} - \frac{1}{2}g \times \left(\frac{h}{v_0}\right)^2 = h - \frac{gh^2}{2v_0^2}$$

発展例題4　水平投射と自由落下 物理

⇒発展問題 49

　地上からの高さ h の点Pにある小球Bに向けて, 同じ高さで距離 l だけはなれた点Qから, 水平に速さ v_0 で小球Aを投げ出した。小球Aが投げ出されると同時に, 小球Bは自由落下を始め, 2つの小球は点Pの真下の点Rで衝突した。重力加速度の大きさを g として, 次の各問に答えよ。

(1)　小球Aが点Rに達するまでの時間を求めよ。

(2)　地面に達するまでに2つの小球が衝突するためには, 速さ v_0 はいくらよりも大きくなければならないか。

■ 指針　小球Aは, 水平方向に速さ v_0 の等速直線運動をし, 鉛直方向に自由落下と同じ運動をする。(1)で求める時間は, 小球Aが水平方向に距離 l だけ進む時間に相当する。また, (2)では, (1)で求めた時間における小球Bの落下距離が, 距離 h よりも小さければ衝突がおこる。

■ 解説　(1)　小球Aが, 水平方向に距離 l だけ進むのに要する時間 t は,

$$t = \frac{l}{v_0}$$

(2)　AとBが衝突するとき, Bの落下距離 y は, (1)で求めた時間を用いて,

$$y = \frac{1}{2}gt^2 = \frac{1}{2}g\left(\frac{l}{v_0}\right)^2 = \frac{gl^2}{2v_0^2} \quad \cdots ①$$

地面に達するまでに2つの小球が衝突するためには, $y < h$ の関係があればよい。式①から,

$$\frac{gl^2}{2v_0^2} < h \qquad v_0^2 > \frac{gl^2}{2h} \qquad v_0 > \sqrt{\frac{g}{2h}}\, l$$

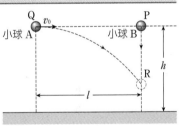

Point　小球AとBは, どちらも鉛直方向に自由落下をしており, 衝突するまでの間, どの時刻においても両者の高さは等しい。したがって, Aが水平方向に距離 l だけ運動したとき, 衝突がおこる。

発 展 問 題

【知識】
43. 投げ上げと自由落下

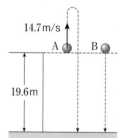

図のように，高さ19.6mのビルの屋上から，小球Aを真上に速さ14.7m/sで投げ上げた。小球Aは，投げ上げた地点を通過して地面に達した。重力加速度の大きさを9.8m/s²として，次の各問に答えよ。

(1) 小球Aが地面に達するのは，投げ上げてから何s後か。

(2) 小球Bをビルの屋上から自由落下させる。小球AとBを同時に地面に到達させるためには，小球Aを投げ上げてから何s後に小球Bを落下させればよいか。 ➡ 例題3

【思考】
▶44. 2球の投げ上げ

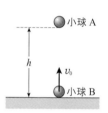

小球Aを鉛直上向きに投げ上げ，最高点に達した瞬間に，小球Bを地面から鉛直上向きに速さv_0で投げ上げた。このとき，図のように，小球Aは地面から高さhの点にあり，小球Bの真上に位置していた。小球Aが最高点に達した時刻を$t=0$，小球A，Bが衝突する時刻をt_1，重力加速度の大きさをgとして，次の各問に答えよ。

(1) 衝突時における小球A，Bの地面からの高さを，t_1を含んだ式でそれぞれ表せ。

(2) 時刻t_1を，v_0，hを用いて表せ。

(3) 衝突時における小球A，Bの地面からの高さを，t_1を含まない式で表せ。

(4) 小球Bが最初に地面に落下する前に小球Aと衝突するためのv_0の条件を求めよ。 ➡ 例題3

【知識】
45. 気球からの投げ上げ

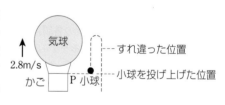

鉛直上向きに速さ2.8m/sで上昇する気球がある。気球のかごの上端Pから，鉛直上向きに小球を投げ上げたところ，1.0s後に上端Pと小球がすれ違った。重力加速度の大きさを9.8m/s²として，次の各問に答えよ。

(1) 小球とすれ違ったときのかごの上端Pは，小球を投げ上げた位置から何mの高さにあるか。

(2) 地面から見たとき，投げ上げられた直後の小球の速度はいくらに見えるか。

(3) すれ違ったときの，気球に対する小球の相対速度はいくらか。 （湘南工科大 改）

💡 **ヒント**
43 (2) 小球Bが地面に達するまでにかかる時間を求める。
44 (1) 小球Aは時刻$t=0$で高さhから自由落下をし始めると考えることができる。
  (4) 小球A，Bの衝突する高さが，地面よりも上であればよい。
45 (3) 気球から小球を見たときの相対速度は，$v_{気球→小球}=v_{小球}-v_{気球}$と表される。

第Ⅰ章 運動とエネルギー

思考 **物理**

46. 飛行船からの投射 図のように，速さ20m/sで水平に飛行している飛行船から，小球を静かにはなしたところ，5.0s後に地面の的に命中した。重力加速度の大きさを9.8m/s²として，次の各問に答えよ。

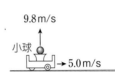

(1) 飛行船から見ると，小球はどのような運動に見えるか。

(2) 飛行船の高度は何mか。

(3) 小球をはなした位置は，的から水平距離で何mはなれているか。

知識 **物理**

47. 台車からの打ち上げ 図のように，水平面を右向きに速さ5.0m/sで等速直線運動をしている台車から，台車から見て，速さ9.8m/sで鉛直上向きに小球を打ち上げた。重力加速度の大きさを9.8m/s²として，次の各問に答えよ。

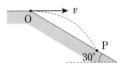

(1) 小球が最高点に達するのは何s後か。

(2) 打ち上げられた位置からの最高点の高さは何mか。

(3) 小球が台車にもどってくるまでに，台車は何m進んだか。

知識 **物理**

48. 斜面への投射 図において，OP は傾きが30°の斜面である。上端Oから水平に速さvで小球を投げ出し，小球が斜面に落下した点をPとする。OP の距離と，投げ出されてからPに達するまでの時間を求めよ。ただし，重力加速度の大きさをgとする。

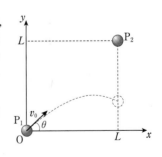

思考 **物理** **三角比**

49. 斜方投射と自由落下 図のように，水平方向にx軸，鉛直方向にy軸をとり，原点Oに小球P_1を，座標(L, L)の位置$(0<L)$に小球P_2をそれぞれ置いた。時刻$t=0$に，P_1を速さv_0で，x軸と角$\theta(0°<\theta<90°)$をなす向きに投射し，それと同時にP_2を初速度0で落下させた。その後，時刻t_1でP_1とP_2は衝突した。重力加速度の大きさをgとして，次の各問に答えよ。

(1) t_1をv_0, L, θを用いて表せ。

(2) θの値はいくらか。

(3) P_1とP_2が衝突する位置がx軸よりも上側になるためのv_0の条件を求めよ。

(23. 千葉工大 改) ➡ **例題4**

💡**ヒント**
46 飛行船からはなされた小球の運動は，地面から見ると水平投射になる。
47 台車から打ち上げられた小球の運動は，地面から見ると斜方投射になる。
48 OP の距離をlとして，水平方向と鉛直方向の移動距離を，lを用いてそれぞれ表す。
49 衝突したときの2球の位置は等しい。

　速度，加速度，力などのベクトルは，互いに垂直な2つの方向に分解することが多く，そのとき，三角比がよく利用される。ここで学習して，理解を深めよう。

はじめに 直角三角形の辺の長さの比

　直角三角形では，直角以外の1つの角度が定まれば，3つの辺の長さの比が決まる。これを利用して，ベクトルの成分を考えることができる。

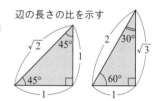

辺の長さの比を示す

1 三角比

　直角三角形 ABC の3辺の長さを r, x, y とし，$\angle A = \theta$ とする。このとき，辺の長さの比，$\dfrac{y}{r}$，$\dfrac{x}{r}$，$\dfrac{y}{x}$ を，それぞれ $\angle A$ の**正弦(サイン)**，**余弦(コサイン)**，**正接(タンジェント)** という。これらは，それぞれ $\sin\theta$，$\cos\theta$，$\tan\theta$ と表される。

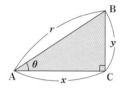

		0°	30°	45°	60°	90°
$\sin\theta = \dfrac{y}{r}$		0	$\dfrac{1}{2}$	$\dfrac{1}{\sqrt{2}}$	$\dfrac{\sqrt{3}}{2}$	1
$\cos\theta = \dfrac{x}{r}$		1	$\dfrac{\sqrt{3}}{2}$	$\dfrac{1}{\sqrt{2}}$	$\dfrac{1}{2}$	0
$\tan\theta = \dfrac{y}{x}$		0	$\dfrac{1}{\sqrt{3}}$	1	$\sqrt{3}$	—

よく用いられる三角比の値→
$\tan 90°$ は定義されない。

2 ベクトル

　速度，加速度，力のように，向きと大きさをあわせもつ量を**ベクトル**という。

❶ベクトルの表し方　ベクトルを記号で表すには，$\vec{a}$ のように，文字の上に矢印(→)をつける。ベクトル $\vec{a}$ の大きさは，$|\vec{a}|$，または a と表される。また，$\vec{a}$ の k 倍の大きさは $k\vec{a}$ と示され，大きさが等しく逆向きのベクトル(**逆ベクトル**)は $-\vec{a}$ と示される。

　ベクトルを図で表すには，その大きさに比例した長さの矢印を用いて，矢印の向きでベクトルの向きを示す。

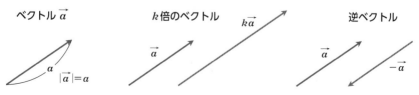

ベクトル $\vec{a}$　　　　　　k 倍のベクトル　$k\vec{a}$　　　　　逆ベクトル

$\vec{a}$　$|\vec{a}| = a$　　　　$\vec{a}$　　　　　　　　　$\vec{a}$　　$-\vec{a}$

❷ベクトルの和・差 2つのベクトル $\vec{a}$, $\vec{b}$ の和や差は，次のように求められる。

ベクトルの和

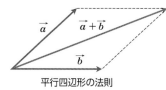

平行四辺形の法則　　　　　　　　三角形による方法

ベクトルの差

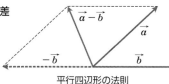

平行四辺形の法則　　　　　　　　三角形による方法

❸ベクトルの成分表示　ベクトル $\vec{a}$ を互いに直角な x 方向と y 方向に分解する。$\vec{a_x}$, $\vec{a_y}$ の大きさに，向きを示す正，負の記号をつけた a_x, a_y を，それぞれ $\vec{a}$ の x **成分**，y **成分**といい，これを**ベクトルの成分**という。a_x, a_y は，それぞれ次のように表される。

$$\cos\theta = \frac{a_x}{a} \quad \rightarrow \quad a_x = a\cos\theta$$

$$\sin\theta = \frac{a_y}{a} \quad \rightarrow \quad a_y = a\sin\theta$$

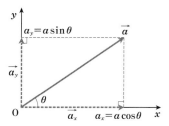

❹ベクトルの和と成分　2つのベクトル $\vec{a}$ と $\vec{b}$ の和を $\vec{c}$ とする。$\vec{a}$ と $\vec{b}$ の x 成分をそれぞれ a_x, b_x，y 成分をそれぞれ a_y, b_y とすると，$\vec{c}$ の x 成分 c_x，y 成分 c_y は，それぞれ次のように表される。

$$c_x = a_x + b_x$$
$$c_y = a_y + b_y$$

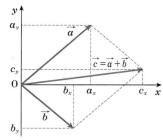

> **例**　図におけるベクトル $\vec{a}$ の x 成分 a_x，y 成分 a_y は，次の2通りの方法で求めることができる。

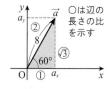

○は辺の長さの比を示す

❶直角三角形の辺の長さの比を用いた方法

x 成分　$8 : a_x = 2 : 1$ 　$2a_x = 8$ 　$a_x = 4$

y 成分　$8 : a_y = 2 : \sqrt{3}$ 　$2a_y = 8\sqrt{3}$ 　$a_y = 4\sqrt{3}$

❷三角比を用いた方法

x 成分　$\cos 60° = \dfrac{a_x}{8}$ 　$a_x = 8\cos 60° = 8 \times \dfrac{1}{2} = 4$

y 成分　$\sin 60° = \dfrac{a_y}{8}$ 　$a_y = 8\sin 60° = 8 \times \dfrac{\sqrt{3}}{2} = 4\sqrt{3}$

比の関係式
$a : b = c : d$ のとき
$ad = bc$
（外項の積＝内項の積）

演習問題

[知識]
50. 三角比 ● 次の直角三角形の $\sin\theta$, $\cos\theta$, $\tan\theta$ の値をそれぞれ求めよ。ただし，答えは分数のままでよく，ルート（ $\sqrt{\ }$ ）をつけたままでよい。なお，図には各辺の長さの比を示している。

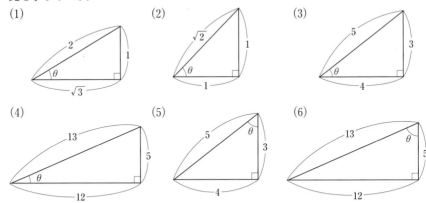

[知識]
51. 三角比の利用 ● 次の直角三角形の辺の長さ x 〔cm〕はいくらか。ただし，答えはルート（ $\sqrt{\ }$ ）をつけたままでよく，有効数字の桁数は考慮しなくてよい。

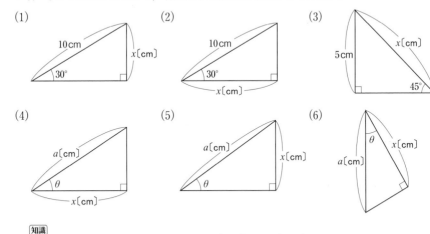

[知識]
52. ベクトルの和 ● 次の 2 つのベクトル $\vec{a}$, $\vec{b}$ の和 $\vec{a}+\vec{b}$ を図示せよ。

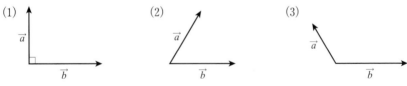

53. ベクトルの差 ● 次の2つのベクトル $\vec{a}$, $\vec{b}$ の差 $\vec{a}-\vec{b}$ を図示せよ。

(1)

(2)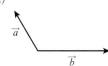

(3)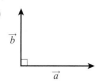

54. ベクトルの分解 ● 次に示されたベクトルを，破線で表した2つの方向に分解せよ。

(1)

(2)

(3)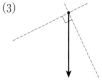

55. ベクトルの成分 ● 次のベクトルの x 成分，y 成分をそれぞれ求めよ。ただし，図の1目盛りを1として，単位は考えなくてよく，有効数字の桁数は考慮しなくてよい。

(1)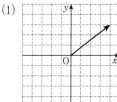

(2)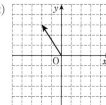

(3)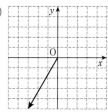

56. 三角比とベクトルの成分 ● 次のベクトルの x 成分，y 成分をそれぞれ求めよ。ただし，答えはルート（$\sqrt{}$）をつけたままでよく，単位は考えなくてよい。また，有効数字の桁数は考慮しなくてよい。

(1)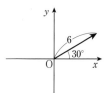

(2)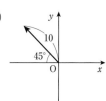

(3)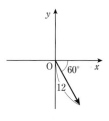

(4)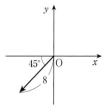

(5)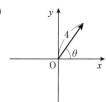

(6)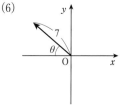

3 | 力のつりあい

1 力

❶力とその表し方　力は，大きさと向きをもつベク
トルであり，作用点から力の向きに引いた，力の
大きさに比例する長さの矢印で示される。
力の大きさ，向き，作用点を**力の3要素**という。
力の単位はニュートン(記号N)。

❷重力　質量 m〔kg〕の物体が地球から受ける重力の大きさ W〔N〕は，重
力加速度の大きさ g〔m/s²〕を用いて，

$$W = mg \quad \cdots①$$

(重力の大きさ〔N〕=質量〔kg〕×重力加速度〔m/s²〕)

重さ…物体にはたらく重力の大きさ。　　質量…物体に固有の量。

❸面から受ける力

(a)　**垂直抗力**　物体が接触する面から，面と垂直な向きに受ける力。

(b)　**摩擦力**　物体の運動を妨げようとする力。物体は接触する面から，面と平行な方向
に摩擦力を受ける。**静止摩擦力**と**動摩擦力**がある。

❹糸の張力　糸でつながれた物体が，糸から引かれる力。糸の質量が無視できるとき，張
力は糸の両端で大きさが等しく，常に糸の方向にはたらく。

❺弾性力　自然の長さから伸びたり縮んだりしているばねが，
もとの長さにもどろうとして，物体におよぼす力。
弾性…変形したばねがもとの長さにもどろうとする性質。
ばねの弾性力の大きさ F〔N〕は，その伸び(縮み) x〔m〕に比例する(**フックの法則**)。

$$F = kx \quad (k〔\text{N/m}〕:ばね定数) \quad \cdots②$$

❻空間を隔ててはたらく力　地球と接触していない物体にも，重力ははたらく。このよう
に空間を隔ててはたらく力には，ほかに静電気力，磁気力などがある。

2 力の合成・分解と力のつりあい

❶力の合成・分解

(a)　**力の合成**　2つの力 $\vec{F_1}$ と $\vec{F_2}$ の合力 $\vec{F}$ は，平行四
辺形の法則から求められる(ベクトル ⇨ p.24~27)。

$$\vec{F} = \vec{F_1} + \vec{F_2} \quad \cdots③$$

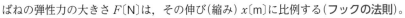

(b)　**力の分解**　力 $\vec{F}$ を x 方向と y 方向に分解し，$\vec{F_x}$，
$\vec{F_y}$ の大きさに向きを示す正，負の符号をつけた F_x，
F_y を，それぞれ $\vec{F}$ の **x 成分**，**y 成分**といい，これら
を**力の成分**という(三角比 ⇨ p.24~27)。

$$F_x = F\cos\theta \quad \cdots④ \qquad F_y = F\sin\theta \quad \cdots⑤$$

力 $\vec{F}$ の大きさ F は，　　$$F = \sqrt{F_x^2 + F_y^2} \quad \cdots⑥$$

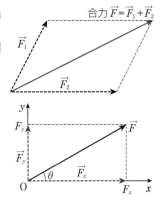

❷**力のつりあい**　物体が力を受けていても，その物体
が静止しているとき，**力はつりあっている**という。
力がつりあう条件は，物体が受ける力の合力が 0 に
なることである。3 つの力がつりあっている場合は，

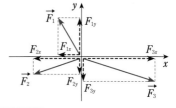

$$\vec{F_1}+\vec{F_2}+\vec{F_3}= \vec{0} \quad \cdots⑦$$

これを力の成分で表すと，

$$F_{1x}+F_{2x}+F_{3x}=0 \quad \cdots⑧ \qquad F_{1y}+F_{2y}+F_{3y}=0 \quad \cdots⑨$$

❸**作用・反作用の法則**　物体Aから物体Bに力 $\vec{F}$ がはたらくとき，
物体Bから物体Aにも，同一作用線上で逆向きに同じ大きさの
力 $-\vec{F}$ がはたらく。

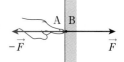

第Ⅰ章　運動とエネルギー

プロセス　重力加速度の大きさを9.8m/s² として，次の各問に答えよ。

1　質量5.0kg の物体の重さは何Nか。

2　重さ10N のおもりをつるすと，0.10m 伸びるばねがある。ばね定数は何 N/m か。

3　図に示された2力の合力を図示し，有
効数字を2桁としてその大きさを求めよ。
ただし，図の1目盛りを1Nとする。

4　図の矢印で示した力の x 成分，y 成分
は，それぞれ何Nか。ただし，図の1目
盛りを1Nとし，有効数字を2桁として
答えよ。

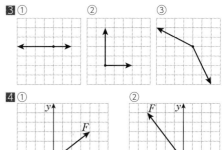

5　水平面上の物体に，水平から30°上向
きに20N の力を加える。水平面に沿っ
た方向の力の成分の大きさはいくらか。

6　太陽が地球から受ける力の反作用は，何が何から受ける力か。

7　大人と子供が互いに押しあった。大人が子供を押す力の大きさを F_1，子供が大人を
押す力の大きさを F_2 とする。次の文の中から正しいものを1つ選べ。

　　①大人の方が力が強く，$F_1>F_2$ である。

　　②両者の力の加え方によるため，F_1 と F_2 のどちらが大きいかは，判断できない。

　　③それぞれの力の加え方に関係なく，$F_1=F_2$ である。

8　図では，物体の受けている力が1つだけ示さ
れている。この力とつりあいの関係にある力，
作用・反作用の関係にある力を図示し，それぞ
れ何が何から受ける力かを答えよ。

①ばね／おもり　②壁／手／物体

解答

1 49N　**2** 1.0×10²N/m　**3** 図は略，①2.0N，②5.0N，③2.8N

4 ①x：4.0N, y：3.0N　②x：−4.0N, y：5.0N　**5** 17N　**6** 地球が太陽から受ける力　**7** ③　**8** 略

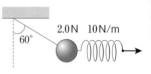

解説動画

基本例題8　力のつりあい

➡基本問題 58, 59, 64, 65, 66, 67, 68

軽い糸の一端を天井につけ，他端に重さ 2.0N の小球をつなぐ。この小球に，ばね定数 10N/m の軽いばねの一端を取りつけ，他端を水平方向に静かに引いた。糸が鉛直方向と 60° の角をなして小球が静止しているとき，ばねの自然の長さからの伸びは何mか。

指針　小球は，重力，ばねの弾性力，糸の張力を受けて静止しており，それらはつりあっている。ばねの弾性力をF〔N〕，糸の張力をT〔N〕とすると，小球が受ける力は図のように示される。力を水平方向と鉛直方向に分解し，各方向における力のつりあいの式を立てる。これからFを求め，フックの法則を利用してばねの伸びを求める。

解説　水平方向，鉛直方向のそれぞれの力のつりあいから，

水平方向：$F-\dfrac{\sqrt{3}}{2}T=0$　…①

鉛直方向：$\dfrac{T}{2}-2.0=0$　…②

式②から，$T=4.0$N となり，これを式①に代入して F を求めると，　$F=2.0\sqrt{3}$ N

ばねの伸びを x〔m〕とすると，フックの法則「$F=kx$」から，

$$x=\frac{F}{k}=\frac{2.0\sqrt{3}}{10}=\frac{2.0\times1.73}{10}=0.346\,\text{m}$$

0.35m

Point　小球にはたらく 3 つの力がつりあっているとき，水平方向と鉛直方向のそれぞれの成分もつりあっている。

基本例題9　ばねと作用・反作用

➡基本問題 71, 72, 73

同じばね定数の 2 つの軽いばね A，B を用意する。ばねAの一端を壁に取りつけ，他端におもりをつるして静止させる。一方，ばねBは，その両端にそれぞれおもりをつるして静止させる。A，B につるしたおもりの質量は，すべて等しいとするとき，A の伸びは，B の伸びの何倍か。

指針　つるしたおもりでなく，ばねが受ける力に着目する。ばねは接触している他の物体から力を受けており，A，Bのどちらも静止しているため，それぞれのばねが受ける力はつりあっている。

解説　ばねAは，おもりの重さによって右向きに力を受けている。また，ばねAは，おもりの重さと同じ大きさの力で，壁に右向きの力をおよぼしており，その反作用として，ばねAは，壁から左向きに同じ大きさの力を受けている。すなわち，ばねAは，逆向きに同じ大きさの 2 つの力を受けている。

一方，ばねBは，両端につるしたおもりによって，逆向きに同じ大きさの 2 つの力を受けている。

したがって，ばねA，Bは，いずれも同じ大きさの 2 つの力で逆向きに引かれており，ばねの伸びは等しく，Aの伸びはBの伸びの**1倍**である。

Point　ばねが受ける力に着目すると，おもりをその一端だけにつるしたときでも，他端におもりの重さと同じ大きさで逆向きの力を受けている。

知識
57. 重さと質量 地球上の重力加速度の大きさを $9.8\,\mathrm{m/s^2}$ とし，月面上の重力加速度の大きさを地球上の $\frac{1}{6}$ であるとして，次の各問に答えよ。
(1) 地球上での重さが $294\,\mathrm{N}$ の物体の質量はいくらか。
(2) (1)の物体が月面上にあるとき，その質量はいくらか。
(3) (1)の物体が月面上にあるとき，その重さはいくらか。

知識
58. 糸の張力 図のように，質量 $1.0\,\mathrm{kg}$ のおもりを天井から糸でつるして静止させた。このとき，おもりが受ける糸の張力の大きさはいくらか。ただし，重力加速度の大きさを $9.8\,\mathrm{m/s^2}$ とする。 ➡ 例題8

1.0kg

知識
59. ばねの弾性力 自然の長さ $0.200\,\mathrm{m}$ の軽いばねに，$40\,\mathrm{N}$ の力を加えて伸ばすと，長さが $0.240\,\mathrm{m}$ になった。重力加速度の大きさを $9.8\,\mathrm{m/s^2}$ として，次の各問に答えよ。
(1) ばねのばね定数を求めよ。
(2) ばねに質量 $5.0\,\mathrm{kg}$ の物体をつるすと，ばねの長さはいくらになるか。 ➡ 例題8

💡ヒント ばねの弾性力の大きさは，ばねの伸びに比例する。

思考
60. ばねのつりあい 表は，軽いばねにさまざまな質量のおもりをつるし，ばねの自然の長さからの伸びを記録したものである。重力加速度の大きさを $9.8\,\mathrm{m/s^2}$ として，次の各問に答えよ。
(1) 自然の長さからのばねの伸び $x\,[\mathrm{m}]$ を横軸に，ばねの弾性力 $F\,[\mathrm{N}]$ を縦軸にとったグラフを描け。
(2) グラフから，ばねのばね定数を求めよ。

おもりの質量〔g〕	自然の長さからの伸び〔cm〕
100	2.0
200	4.0
300	6.0
400	8.0

知識
61. 力の合成と成分 図(a)，(b)の xy 平面上における力 $\vec{F_1}\sim\vec{F_6}$ について，次の各問に答えよ。
(1) 力 $\vec{F_1}\sim\vec{F_6}$ の x 成分，y 成分をそれぞれ求めよ。
(2) 図(a)，(b)について，3つの力の合力の x 成分，y 成分をそれぞれ求めよ。
(3) 図(a)，(b)について，3つの力の合力の大きさをそれぞれ求めよ。

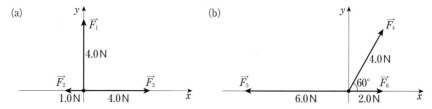

62. 力の成分 図の xy 平面上における 4 つの力 $\vec{F_1}$ 〜 $\vec{F_4}$ について，次の各問に答えよ。ただし，図の 1 目盛りを 1 N とする。

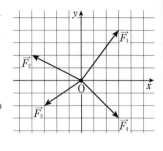

(1) それぞれの力の x 成分，y 成分を求めよ。

(2) これら 4 つの力の合力の x 成分，y 成分を求めよ。

(3) (2)の合力とつりあう力 $\vec{F}$ の x 成分，y 成分を求めよ。

(4) 力 $\vec{F}$ の大きさを求めよ。

知識

63. 力の分解と成分

図のように，斜面に平行な方向に x 軸，垂直な方向に y 軸をとる。斜面上に置かれた重さ 50 N の物体が受けている重力の x 成分，y 成分をそれぞれ求めよ。

(1)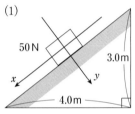

(2)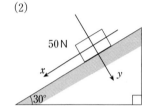

💡**ヒント** 三角比を利用する。(1)では，直角三角形の各辺の比が $3:4:5$ であることを用いる。

知識

64. 弾性力と垂直抗力 図のように，机の上に置かれた質量 1.0 kg の物体にばねを取りつける。ばねの自然の長さを 0.100 m，ばね定数を 4.9×10^2 N/m，重力加速度の大きさを 9.8 m/s² として，次の各問に答えよ。

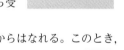

(1) ばねを鉛直上向きに引いて，その長さを 0.110 m としたとき，物体がばねから受ける力の大きさは何 N か。

(2) (1)と同様に，ばねの長さが 0.110 m のとき，物体が机から受ける垂直抗力の大きさは何 N か。

(3) ばねを引く力をさらに大きくしていくと，やがて物体が机からはなれる。このとき，ばねの長さは何 m か。　➡ **例題8**

💡**ヒント** (3) 物体が机からはなれる瞬間に垂直抗力が 0 となる。

知識

65. 3 力のつりあい 図のように，重さ 10 N のおもりを，2 本の糸でつるして静止させた。糸 1，糸 2 の張力の大きさはそれぞれ何 N か。　➡ **例題8**

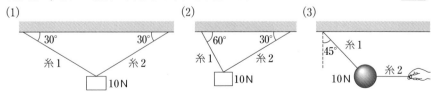

66. 斜面上での力のつりあい ● 図のように，傾きがθの
なめらかな斜面上に，ばね定数kの軽いばねを置き，一
端を壁に固定し，他端に質量mの物体を置いたところ，
ばねは自然の長さよりも縮んで静止した。重力加速度の
大きさをgとして，次の各問に答えよ。

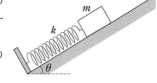

(1) 物体がばねから受ける弾性力の大きさを求めよ。

(2) ばねの縮みはいくらか。　　　　　　　　　　　　➡ 例題8

67. 2物体のつりあい ● 図のように，質量mの台車に糸
の一端をつけてなめらかな斜面上に置き，糸をなめらか
な滑車に通して，他端におもりをつなぐと，両者は静止
した。重力加速度の大きさをgとする。

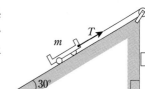

(1) 糸の張力の大きさTを求めよ。

(2) おもりの質量を求めよ。　　　　　　　　　➡ 例題8

💡**ヒント** 糸はその両端につながれた物体に，同じ大きさの力をおよぼしている。

68. 弾性力と垂直抗力 ● 図のように，ばねの一端を
内壁がなめらかな箱の中につけ，他端におもりをつ
ける。箱を水平に固定した状態で，おもりを10N
の力で水平に引いたところ，ばねが10cm伸びた。
重力加速度の大きさを9.8m/s²とする。

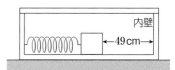

(1) ばねのばね定数を求めよ。

(2) 箱の左側をもってゆっくり傾けると，ばねはしだいに伸び，30°傾けたとき，伸び
が49cmとなって，おもりは箱の内壁にちょうど接した。おもりの質量を求めよ。

(3) 箱を鉛直に立てたとき，おもりが内壁から受ける垂直抗力の大きさを求めよ。

💡**ヒント** (3) おもりは重力，弾性力，垂直抗力の3つの力を受けており，それらはつりあっている。

➡ 例題8

69. 垂直抗力の大きさ ● 図のように，重さ9.0Nの物体Aと3.0Nの物体Bが静止して
いる。(1)～(4)のそれぞれにおいて，物体Aが水平面から受ける垂直抗力の大きさを
N_1～N_4とする。N_1～N_4をそれぞれ求めよ。

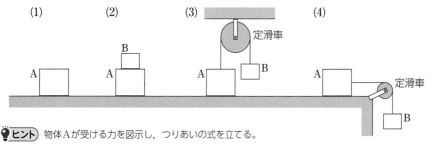

💡**ヒント** 物体Aが受ける力を図示し，つりあいの式を立てる。

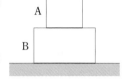

70. 思考 **つりあいと作用・反作用** 図のように，質量5.0kgの物体
Aと質量10kgの物体Bが，水平面上に重ねて置かれている。
重力加速度の大きさを9.8m/s²とする。

(1) 物体Aが受ける力を矢印で描き，その大きさと何から受
ける力かも示せ。

(2) 物体Bが受ける力を矢印で描き，その大きさと何から受ける力かも示せ。

(3) (1)，(2)の力のうち，作用・反作用の関係にあるものを答えよ。

71. 思考 **磁石の力と作用・反作用** 質量0.50kgの磁石Aが木の机
の上に置かれている。重力加速度の大きさを9.8m/s²とする。

(1) Aが受ける重力と垂直抗力を図示し，それらの大きさを
求めよ。

(2) Aの中心に軽い棒を取りつけ，Aの上に，中心に穴のあ
る質量0.50kgの磁石BをAと反発するようにのせると，浮
いた状態で静止した。このとき，AとBが受ける力を図示し，
それぞれの力の大きさと，何が何から受ける力かも示せ。

➡ 例題9

72. 知識 **糸でつながれた2物体** 図のように，質量3.0kgの物体A
と質量1.0kgの物体Bを糸でつなぎ，軽くてなめらかに回転す
る滑車にかけ，Aの下に板Cを置いて静止させる。重力加速度
の大きさを9.8m/s²とし，はじめBの下におもりはないとする。

(1) Aが受ける糸の張力と，AがCから受ける垂直抗力の大
きさはそれぞれいくらか。

(2) Bの下に質量1.0kgのおもりをつるしたとき，Aが受け
る糸の張力と，AがCから受ける垂直抗力はそれぞれいくらか。

(3) CがAから受ける力が0になるのは，Bの下に何kgのおもりをつるしたときか。

💡 ヒント 糸はその両端につながれた物体に同じ大きさの張力をおよぼす。

➡ 例題9

73. 知識 **ばねと作用・反作用** 自然の長さがいずれも0.50mで，ばね定数が$2.0×10^2$N/m，
$3.0×10^2$N/mの軽いばねA，Bを，図のように(1)並列，(2)直列につなぎ，滑車を通し
て，重さ60Nのおもりをつるす。このとき，(1)，(2)の場合におけるばねの伸びをそれ
ぞれ求めよ。ただし，(1)では，ばねA，Bの間隔はきわめて狭く，ばねA，Bは同じ長
さだけ伸びたとする。

(1)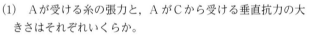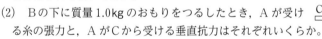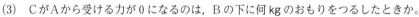

(2)

💡 ヒント (2) 直列の場合は，物体の重さと等しい力が両方のばねにはたらく。

➡ 例題9

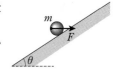

発展例題5　斜面上で静止する物体 三角比

→発展問題78, 79

図のように，水平とのなす角が θ のなめらかな斜面上に，質量 m の物体を置き，水平方向に大きさ F の力を加えて静止させた。重力加速度の大きさを g として，力の大きさ F と，物体が斜面から受ける垂直抗力の大きさを求めよ。

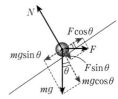

■指針■　物体が受ける力はつりあっている。これらの力を互いに垂直な2つの方向に分解し，各方向で力のつりあいの式を立てる。

■解説■　垂直抗力を N とすると，物体が受ける力は図のようになる。鉛直方向と水平方向のそれぞれの力のつりあいから，

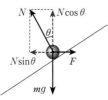

鉛直：$N\cos\theta - mg = 0$　$\quad N = \dfrac{mg}{\cos\theta}$

水平：$F - N\sin\theta = 0$　これに N を代入し，

$$F = N\sin\theta = \frac{mg}{\cos\theta}\times\sin\theta = mg\tan\theta$$

■別解■　物体が受ける力を，斜面に平行な方向と垂直な方向に分解してもよい。この場合，各方向における力のつりあいから，

平行：$F\cos\theta - mg\sin\theta = 0$　$\quad F = mg\tan\theta$

垂直：$N - mg\cos\theta - F\sin\theta = 0$　…①

式①に求めた F を代入して，

$$N = mg\cos\theta + F\sin\theta = mg\cos\theta + mg\frac{\sin^2\theta}{\cos\theta}$$

$$= \frac{mg(\cos^2\theta + \sin^2\theta)}{\cos\theta} = \frac{mg}{\cos\theta}$$

発展例題6　力のつりあい

→発展問題77

重さ W〔N〕の人が，重さ w〔N〕の台の上にのり，図のように，滑車を使って台といっしょに自分自身をもち上げようとしている。$W > w$ として，次の各問に答えよ。

(1)　人がひもを大きさ T〔N〕の力で引くとき，台が地面から受ける垂直抗力の大きさ N は何Nか。

(2)　台が地面からはなれるには，T を何Nよりも大きくすればよいか。

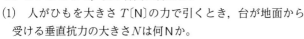

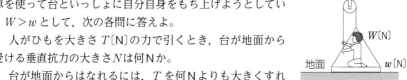

■指針■　(1)　人がひもを T〔N〕で引くと，作用・反作用の法則から，人はひもから同じ大きさ T〔N〕の力で引き返される。人と台にはたらく力を描き，つりあいの式を立てる。

(2)　台が地面からはなれるとき，垂直抗力 N が0になる。

■解説■

(1)　人と台がおよぼしあう力の大きさを N' とすると，それぞれ図のような力を受ける。

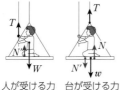

人が受ける力　台が受ける力

人が受ける力のつりあいから，

$\quad T + N' - W = 0$　…①

また，台が受ける力のつりあいから，

$\quad T + N - N' - w = 0$　…②

式①，②の辺々を足しあわせると，

$\quad 2T + N - (W + w) = 0$

$\quad N = W + w - 2T$〔N〕

(2)　台が地面からはなれるとき，$N = 0$ となる。(1)の結果を用いると，

$0 = W + w - 2T$　$\quad T = \dfrac{W + w}{2}$〔N〕

発 展 問 題

思考

▶ **74. 投げ上げられた物体にはたらく力** 地表から高さ h の位置で，物体を鉛直上向きに投げ上げた。グラフは，物体の位置と時間の関係を表す。R で物体にはたらく力の向きと大きさが，図のオで示されるとき，P，Q，S における力の向きと大きさを表す図は，それぞれア～カのどれか，記号で答えよ。ただし，同じものを繰り返し選んでよい。

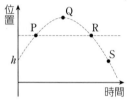

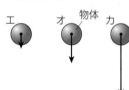

ア　イ　ウ　エ　オ 物体　カ

(18. 共通テスト試行調査 改)

知識

75. 力のつりあい 図のように，天井から糸Aで滑車がつるされている。質量 $3m$ のおもり1と，質量 m のおもり2を糸Bでつないで滑車にかけ，おもりが動かないように，おもり2と床に結んだ糸Cを鉛直につなげた。重力加速度の大きさを g とする。また，糸と滑車の質量は無視でき，摩擦はないものとする。

(1) 糸Bがおもり2を引く力の大きさはいくらか。

(2) 糸Cがおもり2を引く力の大きさはいくらか。

(3) 糸Aが滑車を引く力の大きさはいくらか。

(21. 摂南大 改)

糸A
滑車
糸B　糸B
おもり1　おもり2
糸C

知識

76. ばねの弾性力 上端を固定したばね定数 k_1〔N/m〕のばね A，質量 m_1〔kg〕の小球 α，ばね定数 k_2〔N/m〕のばね B，質量 m_2〔kg〕の小球 β を順に接続して，静かにつり下げた。次いで，図のように，小球 β を下から板で支えた。板が小球 β から受けている力の大きさは F〔N〕であった。また，ばねと小球は鉛直線上に並んでおり，ばねBは，力を受けていないときの長さよりも短くなることはなかった。このとき，次の各問に答えよ。ただし，ばねの質量は無視できるものとし，重力加速度の大きさを g〔m/s²〕とする。

k_1　A
m_1 α
k_2　B
m_2 β

(1) ばねBの伸び x_B〔m〕と，ばねAの伸び x_A〔m〕を求めよ。

(2) 板をゆっくりと下げていくと，小球 β と板がはなれる。このときのばねAの伸び x_A〔m〕を求めよ。 (東京農工大 改)

💡 **ヒント**

74 投げ上げられた物体は，重力のみを受ける。

75 質量の無視できる糸は，その両端につながれた物体に同じ大きさの張力をおよぼす。

76 (1) 小球 α, β について，それぞれ力のつりあいの式を立てる。

77. 力のつりあい 図1～3のように，天井に固定されたなめらかに回転する滑車にひもがかけられ，その一端は板とつながっており，板の上にA君が乗っている。板の質量は10kg，A君の質量は50kgであり，重力加速度の大きさを9.8m/s²とする。また，滑車，ひもの質量は無視できるものとする。

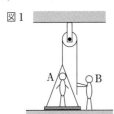
図1

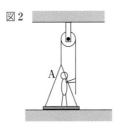
図2

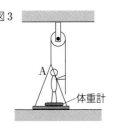
図3

(1) 図1のように，B君がひもを引き，A君を乗せた板を床から浮かせるためには，少なくとも何Nの力が必要か。ただし，B君は床から浮かないものとする。

(2) 図2のように，板上のA君が自分でひもを引き，板を床から浮かせるためには，少なくとも何Nの力が必要か。

(3) 図3のように，板上に質量2.0kgの体重計を置き，その上にA君が乗る。A君が自分でひもを静かに引き，板を床から浮かせる。床から板がはなれたとき，体重計は何kgを指しているか。 (09. 神戸学院大 改) ➡ 例題6

78. 斜面上に置かれた2物体 図のように，質量mの物体Aと質量Mの物体Bが，なめらかに回転する滑車を通して，軽い糸でつながれ，なめらかな斜面上で静止している。それぞれの斜面は，水平から30°，45°傾いている。質量Mは，mの何倍か。

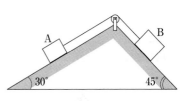

➡ 例題5

79. 斜面上の物体のつりあい 図のように，傾きθのなめらかな斜面をもつ三角形の台が，水平面に固定されている。一端を天井に固定した軽い糸で，質量mの物体が斜め上方に引っ張られ，斜面上で静止している。糸と鉛直方向とのなす角はαである。$0<\theta<90°$，$0<\alpha+\theta<90°$とし，重力加速度の大きさをgとする。糸の張力の大きさと，物体が斜面から受ける垂直抗力の大きさをそれぞれ求めよ。

(山形大 改) ➡ 例題5

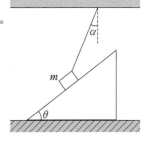

💡ヒント

77 (3) 体重計がA君から受ける力の大きさがmg〔N〕のとき，体重計の示す値はm〔kg〕である。

78 物体A，Bが受ける力を図示し，つりあいの式を立てる。

79 (1) 物体が受ける力のつりあいの式を立て，$\sin A\cos B+\cos A\sin B=\sin(A+B)$を利用する。

4 | 運動の法則

1 運動の3法則

❶慣性の法則(運動の第1法則)　物体が外から力を受けないとき，あるいは受けていても
それらの合力が0であるとき，静止している物体は静止し続け，運動している物体は等
速直線運動を続ける。

❷運動の法則(運動の第2法則)　力を受けているとき，物体はその力の向きに加速度を生
じる。このとき，生じる加速度 $\vec{a}$ の大きさは，受ける力 $\vec{F}$ の大きさに比例し，物体の
質量mに反比例する。

$$\vec{a} = k\frac{\vec{F}}{m} \quad \cdots ① \qquad \left(\begin{array}{l}\text{比例定数}k\text{が1となるように定められた}\\ \text{力の単位がニュートン(記号N)。}\end{array}\right)$$

1Nは，質量1kgの物体に1m/s^{2}の大きさの加速度を生じ
させる力の大きさである。これらの単位を用いると，式①は
次のように表され，それを**運動方程式**という。

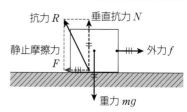

$$m\vec{a} = \vec{F} \quad (\text{質量}(kg) \times \text{加速度}(m/s^2) = \text{力}(N)) \quad \cdots ②$$

物体が複数の力を受けているとき，$\vec{F}$ はそれらの力の合力である。

❸作用・反作用の法則(運動の第3法則)　物体Aから物体Bに力 $\vec{F}$ がはたらくとき，物体
Bから物体Aにも，同一作用線上で逆向きに同じ大きさの力 $-\vec{F}$ がはたらく。

❹単位と次元

基本単位…質量，長さ，時間などの基本となる単位。

組立単位…基本単位から導かれる単位。

次元………組立単位が基本単位とどのような関係にあるのかを示すのに用いられる。

　〈例〉長さ(m)，時間(s)の次元は[L]，[T]であり，速さ(m/s)は[LT^{-1}]と表される。

― 運動方程式の立て方 ―　次の手順で立てることができる。

(1)　どの物体について運動方程式を立てるかを決める。

(2)　着目する物体が受ける力を図示する。

(3)　正の向きを定め，加速度をaとする。物体が複数の方向に力を受ける場合は，互い
　　に垂直な2つの方向に分けて考え，各方向で正の向きを定める。

(4)　物体が受ける運動方向の力の成分の和を求め，運動方程式「$ma = F$」に代入する。

2 抵抗力を受ける運動

❶静止摩擦力　物体が面に対して静止しているとき
の摩擦力。面とのずれを妨げる向きに受ける。

抗力…垂直抗力と摩擦力の合力。

　●最大摩擦力　すべり始める直前の静止摩擦力
(静止摩擦力の最大値)。最大摩擦力の大きさ F_0
は，垂直抗力の大きさ N に比例する。

$$F_0 = \mu N \quad (\mu：\text{静止摩擦係数}) \quad \cdots ③$$

●**摩擦角** 面を傾けていくとき，物体がすべり出す直前に面が水平となす角。摩擦角を θ_0 とすると，

$$mg\sin\theta_0 = \mu mg\cos\theta_0$$

$$\boxed{\mu = \tan\theta_0} \quad \cdots ④$$

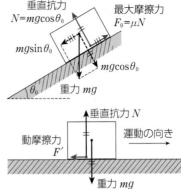

❷**動摩擦力** 運動している物体が，運動を妨げる向きに，面から受ける摩擦力。動摩擦力の大きさ F' は，物体の速さに関係なく，垂直抗力の大きさ N に比例する。

$$\boxed{F' = \mu' N} \quad (\mu' : 動摩擦係数) \quad \cdots ⑤$$

μ' は μ よりも小さい $(\mu' < \mu)$。

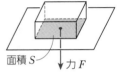

3 液体や気体から受ける力

❶**圧力と浮力**

(a) **圧力** 物体の表面の単位面積あたりに，垂直にはたらく力の大きさ。

$$\boxed{p = \dfrac{F}{S} \quad \left(圧力 [Pa] = \dfrac{力の大きさ [N]}{面積 [m^2]}\right)} \quad \cdots ⑥$$

単位はパスカル(記号 Pa)。

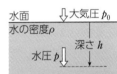

(b) **大気圧** 地球の大気が物体におよぼす圧力。地上の大気圧は，約 1.0×10^5 Pa である。

(c) **水圧** 水中で物体が受ける圧力。水面からの深さ h [m] における水圧 p [Pa] は，水の密度 ρ [kg/m³]，大気圧 p_0 [Pa]，重力加速度の大きさ g [m/s²] を用いて，

$$\boxed{p = p_0 + \rho h g} \quad \cdots ⑦$$

(d) **浮力** 流体(液体と気体の総称)中の物体が，流体から鉛直上向きに受ける力。**浮力の大きさは，物体が押しのけた流体の重さに等しい**(アルキメデスの原理)。

$$\boxed{浮力の大きさ\ F\ [N] : F = \rho V g} \quad \cdots ⑧$$
$$\boxed{(\rho\ [kg/m^3] : 流体の密度,\ V\ [m^3] : 押しのけた流体の体積)}$$

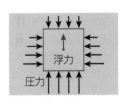

❷**空気抵抗** 空気中を運動する物体には，実際には空気抵抗がはたらく。

終端速度…空気抵抗と重力がつりあい，物体の速さが一定となったときの速度(物体が落下している場合)。

〔物理〕 小さい球状の物体の場合，速度 v が小さい範囲では，空気抵抗の大きさ f は，速度 v に比例する。

$$\boxed{f = kv} \quad (k : 比例定数) \quad \cdots ⑨$$

$$終端速度\ v_f = \dfrac{mg}{k} \quad \cdots ⑩$$

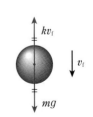

プロセス 次の各問に答えよ。ただし，重力加速度の大きさを $9.8\,\mathrm{m/s^2}$ とする。

1 水平面上で物体が右向きに等速直線運動をしている。物体にはたらく力の合力は，①右向き，②0，③左向きのうちのどれか。

2 なめらかな水平面上にある質量 $5.0\,\mathrm{kg}$ の物体が，右向きに $20\,\mathrm{N}$ の力を受けたとき，生じる加速度を求めよ。

3 粗い水平面上の物体に，右向きに $F_1\,[\mathrm{N}]$，左向きに $F_2\,[\mathrm{N}]$ の力を加えたが，静止したままであった。$F_1 > F_2$ のとき，静止摩擦力は，どちら向きにはたらくか。

4 粗い水平面上に重さ $8.0\,\mathrm{N}$ の物体がある。物体と面との間の静止摩擦係数が 0.60 のとき，水平方向に加える力を何Nよりも大きくすると，物体は動き出すか。

5 質量 $5.0\,\mathrm{kg}$ の物体が粗い水平面上を運動している。物体と面との間の動摩擦係数が 0.40 のとき，物体が受けている動摩擦力の大きさを求めよ。

6 水の密度を $1.0\times10^3\,\mathrm{kg/m^3}$ とする。体積 $5.0\times10^{-4}\,\mathrm{m^3}$ の物体全体が水中にあるとき，この物体が受ける浮力の大きさはいくらか。

7 形状と大きさが同じで，質量だけが異なる2つの物体が，空気抵抗を受けて落下している。終端速度は，質量の大きい物体と小さい物体のどちらが大きいか。 **物理**

解答

1 ② **2** 右向きに $4.0\,\mathrm{m/s^2}$ **3** 左向き **4** $4.8\,\mathrm{N}$ **5** $20\,\mathrm{N}$ **6** $4.9\,\mathrm{N}$
7 質量の大きい物体

解説動画
▶

⊙ **基本例題10** **物体をもち上げる力** ⇒基本問題 85, 88, 90

　　質量 $0.50\,\mathrm{kg}$ のおもりに糸をつけて，(1)～(3)のように，鉛直方向に糸を引いて運動させた。重力加速度の大きさを $9.8\,\mathrm{m/s^2}$ として，次の各問に答えよ。
(1) 糸がおもりを引く力が $7.4\,\mathrm{N}$ のとき，加速度はどちら向きに何 $\mathrm{m/s^2}$ か。
(2) 加速度が鉛直下向きに $5.0\,\mathrm{m/s^2}$ のとき，糸がおもりを引く力の大きさは何Nか。
(3) 速度が鉛直下向きに $1.0\,\mathrm{m/s}$ で一定のとき，糸がおもりを引く力の大きさは何Nか。

■ 指針 おもりが受ける力は，重力と糸の張力である。これらの力を図示し，鉛直方向（運動方向）の力の成分の和（合力）を求めて，運動方程式「$ma=F$」に代入する。運動方程式を立てるときの正の向きは，運動の向きにとることが多い。

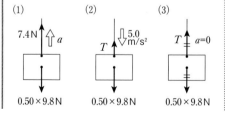

■ 解説 (1) 鉛直上向きを正として，加速度を a とすると，運動方程式は，
$$0.50\times a = 7.4 - 0.50\times9.8 \qquad a=5.0\,\mathrm{m/s^2}$$
鉛直上向きに $5.0\,\mathrm{m/s^2}$
(2) 糸の張力の大きさを $T\,[\mathrm{N}]$ とする。鉛直下向きを正とすると，運動方程式は，
$$0.50\times5.0 = 0.50\times9.8 - T \qquad T=2.4\,\mathrm{N}$$
(3) 速度が一定なので，慣性の法則から，おもりが受ける糸の張力と重力はつりあっている。
重力の大きさは，$0.50\times9.8=4.9\,\mathrm{N}$
したがって，張力の大きさは，**$4.9\,\mathrm{N}$**

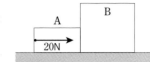
基本例題11 接触した2物体の運動 ➡基本問題 87, 96

水平でなめらかな机の上に，質量がそれぞれ 2.0 kg，3.0 kg の物体 A，B を接触させて置く。A を右向きに 20 N の力で押し続けるとき，次の各問に答えよ。

(1) A，B の加速度の大きさはいくらか。

(2) A，B の間でおよぼしあう力の大きさはいくらか。

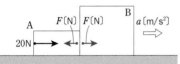

■指針　2つの物体が接触しながら運動しているとき，作用・反作用の法則から，2つの物体は，大きさが等しく逆向きの力をおよぼしあっている。A，B が受ける力を図示し，それぞれについて運動方程式を立て，連立させて求める。

■解説　(1) A と B がおよぼしあう力の大きさを F〔N〕とすると，各物体が受ける運動方向の力は，図のようになる。運動する向きを正とし，A，B の加速度を a〔m/s²〕とすると，それぞれの運動方程式は，

A：$2.0 \times a = 20 - F$　…①
B：$3.0 \times a = F$　…②

式①，②から，$a = 4.0 \, \text{m/s}^2$

(2) (1)の結果を式②に代入すると，

$3.0 \times 4.0 = F$　　$F = 12 \, \text{N}$

Point　A，B をまとめて1つの物体とみなすと，運動方程式は，$(2.0+3.0)a = 20$ となり，a が求められる。しかし，F を求めるためには，物体ごとに運動方程式を立てる必要がある。

基本例題12 連結された物体の運動 ➡基本問題 88, 92

図のように，なめらかな水平面上に置かれた質量 M〔kg〕の物体 A に軽い糸をつけ，軽い滑車を通して他端に質量 m〔kg〕の物体 B をつるしたところ，A，B は動き始めた。重力加速度の大きさを g〔m/s²〕とする。

(1) A，B の加速度の大きさはいくらか。

(2) 糸の張力の大きさはいくらか。

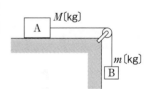

■指針　A，B は糸でつながれたまま運動するので，2つの物体の加速度の大きさは等しい。また，それぞれが糸から受ける張力の大きさも等しい。各物体が受ける力を図示し，物体ごとに運動方程式を立て，連立させて求める。

■解説　(1) A，B が糸から受ける張力の大きさを T〔N〕とすると，各物体が受ける運動方向の力は，図のようになる。

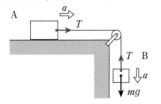

A，B のそれぞれが運動する向きを正とし，加速度を a〔m/s²〕とすると，それぞれの運動方程式は，

A：$Ma = T$　　…①
B：$ma = mg - T$　…②

式①，②から，

$$a = \frac{m}{M+m} g \, \text{〔m/s}^2\text{〕}$$

(2) 式①に(1)の結果を代入すると，

$$M \times \frac{m}{M+m} g = T$$

したがって，$T = \dfrac{Mm}{M+m} g$〔N〕

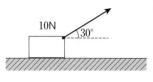

基本例題13 摩擦力 　　　⮕基本問題 91, 92, 93

水平な床の上に，重さ10Nの物体が静止している。物体と床との間の静止摩擦係数は $\frac{1}{\sqrt{3}}$ である。物体に，水平から30°上向きの力を加えて，力の大きさを少しずつ大きくしていくとき，何Nよりも大きくなると物体が動き出すか。

■ 指 針　加える力を大きくしていくと，物体が床から受ける静止摩擦力も大きくなっていく。物体が動き出す直前では，静止摩擦力は最大摩擦力となる。そのときの力を図示し，水平方向，鉛直方向の力のつりあいの式を立てる。これらの式と，最大摩擦力「$F_0 = \mu N$」の式を利用する。

■ 解 説　物体が動き出す直前に加えている力を f〔N〕，最大摩擦力を F_0〔N〕，垂直抗力を N〔N〕とすると，物体が受ける力は図のようになる。

水平方向の力のつりあいから，

$$\frac{\sqrt{3}}{2}f - F_0 = 0 \qquad F_0 = \frac{\sqrt{3}}{2}f \quad \cdots ①$$

鉛直方向の力のつりあいから，

$$N + \frac{f}{2} - 10 = 0 \qquad N = 10 - \frac{f}{2} \quad \cdots ②$$

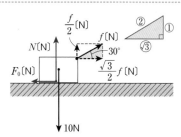

F_0 は最大摩擦力なので，「$F_0 = \mu N$」の式が成り立つ。これに式①，②を代入すると，

$$\frac{\sqrt{3}}{2}f = \frac{1}{\sqrt{3}} \times \left(10 - \frac{f}{2}\right)$$

両辺に $\sqrt{3}$ をかけて，

$$\frac{3}{2}f = 10 - \frac{f}{2} \qquad 2f = 10 \qquad f = 5.0\,\text{N}$$

基本例題14 摩擦力と加速度 　　　⮕基本問題 94, 95, 96

図のように，粗い水平面上に置かれた質量1.0kgの物体に，右向きに10.0Nの力を一定の時間加えてすべらせたあと，力を加えるのをやめた。次の各問に答えよ。ただし，物体と面との間の動摩擦係数を0.50，重力加速度の大きさを9.8m/s² とする。

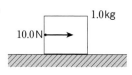

(1) 力を加えている間の，物体の加速度を求めよ。

(2) 力を加えるのをやめたあと，物体がすべっている間の加速度を求めよ。

■ 指 針　物体は，左向きに動摩擦力を受けている。「$F' = \mu' N$」の式を用いて動摩擦力の大きさを求め，運動方程式から加速度を求める。

■ 解 説　(1) 鉛直方向の力のつりあいから，垂直抗力 N は重力に等しく，$N = 1.0 \times 9.8 = 9.8$ N なので，動摩擦力 F' は，

$$F' = \mu' N = 0.50 \times 9.8$$
$$= 4.9\,\text{N}$$

物体が受ける力は図のようになる。

右向きを正とし，加速度を a_1〔m/s²〕とすると，運動方程式「$ma = F$」は，

$$1.0 \times a_1 = 10.0 - 4.9 \qquad a_1 = 5.1\,\text{m/s}^2$$

右向きに 5.1 m/s²

(2) 力を加えるのをやめたあとも，面をすべっている間，物体は左向きに4.9Nの動摩擦力を受ける。右向きを正とし，加速度を a_2〔m/s²〕とすると，運動方程式「$ma = F$」は，

$$1.0 \times a_2 = -4.9 \qquad a_2 = -4.9\,\text{m/s}^2$$

左向きに 4.9 m/s²

解説動画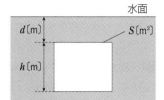

基本例題15　圧力と浮力　　　　　　　　　➡基本問題 97, 98, 99

　図のように，底面積 S〔m²〕，高さ h〔m〕の直方体の形をした物体を，その上面が水面から d〔m〕の深さとなるように沈めた。大気圧を p_0〔Pa〕，水の密度を ρ〔kg/m³〕，重力加速度の大きさを g〔m/s²〕として，次の各問に答えよ。

(1)　物体の上面と下面にはたらく圧力を求めよ。

(2)　物体が受ける浮力の大きさを求めよ。

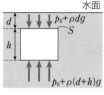

指針　水中における圧力は，水の重さによる圧力と大気圧の和に等しい。また，水中で物体が受ける浮力は，物体の上面と下面が受ける力の差となる。

解説　(1)　物体の上面が受ける水の重さによる圧力は，$\dfrac{\rho Sdg}{S}=\rho dg$〔Pa〕となる。上面が受ける圧力は，これに大気圧を加えた，$p_0+\rho dg$〔Pa〕である。同様に，物体の下面が受ける圧力は，上面に比べて h〔m〕だけ深いので，d を $(d+h)$ に置き換え，$p_0+\rho(d+h)g$〔Pa〕と求められる。

(2)　物体の上面が水から受ける力は鉛直下向き，下面が受ける力は鉛直上向きとなる。これらの力の差によって浮力が生じる。

圧力の式「$p=\dfrac{F}{S}$」から，

　　上面が受ける力：$(p_0+\rho dg)S$〔N〕

　　下面が受ける力：$\{p_0+\rho(d+h)g\}S$〔N〕

これらの力の差を求めると，

$$\{p_0+\rho(d+h)g\}S-(p_0+\rho dg)S=\boldsymbol{\rho Shg}\text{〔N〕}$$

基 本 問 題

80. 慣性の法則　一定の速度で水平に動いている電車の中で，手にもったボールを静かに落とすと，ボールはどの位置に落下するか。そのようすを正しく表しているものを，図のア～ウの中から選び，記号で答えよ。

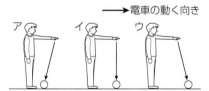

81. 慣性の法則　なめらかな水平面上で，物体を水平に一定時間引いて運動させ，引くのをやめた。その後，物体はどのような運動をするか。簡潔に説明せよ。

82. 力と加速度　なめらかな水平面上にある質量 2.0kg の物体に，5.0N の力を右向きに加えた。

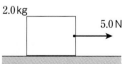

(1)　物体の加速度を求めよ。

(2)　物体の上におもりを固定し，物体に 5.0N の力を右向きに加えると，加速度は右向きに 0.50m/s² となった。おもりの質量はいくらか。

83. 知識 **減速する運動** ● 直線上を速度 20m/s で走行していた
車が，ブレーキをかけて 10s 後に停止した。車の質量を
1000kg とし，この間の運動は等加速度直線運動であった
として，車を停止させた力を求めよ。

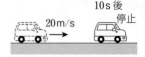

84. 知識 **合力と加速度** ● なめらかな水平面上に置かれた質量
3.0kg の物体に，次のように力を加える。それぞれの場合
における物体の加速度を求めよ。

(1)　右向きに 5.0N と 2.5N の力を加えた場合。

(2)　左向きに 6.0N，右向きに 4.5N の力を加えた場合。

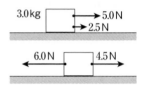

85. 知識 **物体の上げ下ろし** ● 静止していた質量 5.0kg の物体に糸で張力
を加え，鉛直上向きに 1.2m/s^2 の加速度で 7.0s 間もち上げたあと，一
定の加速度で 3.0s で静止させた。重力加速度の大きさを 9.8m/s^2
とする。

(1)　最初に加速している間，物体が受ける張力の大きさを求めよ。

(2)　静止するまでの 3.0s 間に，物体が受ける張力の大きさを求めよ。

➡ 例題10

86. 思考 **$v-t$ グラフ** ● 静止していた質量 10kg の物体が，外
力を受けて直線上を運動した。図は，物体の速度 v
〔m/s〕と時間 t〔s〕との関係を示す $v-t$ グラフである。
物体が運動する向きを正として，物体に作用した力と時
間の関係のグラフを描け。

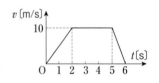

87. 知識 **糸で連結された物体の運動** ● なめらかな水
平面上に，質量 6.0kg の物体Aと質量 4.0kg の
物体Bがあり，糸で結ばれている。Aを右向き
に 50N の力で引く場合，A，Bの加速度の大きさと糸の張力の大きさを求めよ。

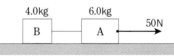

➡ 例題11

88. 知識 **滑車につるした物体の運動** ● 図のように，なめらかにまわる軽
い滑車に軽い糸を通し，糸の両端に質量 3.0kg の物体Aと質量 4.0
kg の物体Bをつけて，手で支えている。その後，静かに手をはなし
た。重力加速度の大きさを 9.8m/s^2 とし，糸は十分に長いものとし
て，次の各問に答えよ。

(1)　A，Bの加速度の大きさ a と糸の張力の大きさ T を求めよ。

(2)　Bが支えていた点から 2.8m 降りるまでの時間と，そのときの速さを求めよ。

➡ 例題10・12

89. 斜面上の運動 ●

知識 三角比

水平とのなす角が θ のなめらかな斜面上に質量 m の物体を置き，斜面に沿って大きさ F の上向きの力を加えて，直線運動をさせる。重力加速度の大きさを g として，次の場合の力の大きさ F を求めよ。

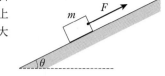

(1) 物体が等速度運動をする場合。
(2) 物体が上向きに大きさ a の加速度で運動する場合。
(3) 物体が下向きに大きさ a の加速度で運動する場合。

90. エレベーター ●

思考

図のように，質量 M のエレベーターの中に，質量 m の人が乗っており，エレベーターは，ロープから大きさ F の張力を受けて運動している。鉛直上向きを正とし，重力加速度の大きさを g として，次の各問に答えよ。

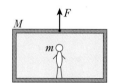

(1) エレベーターの加速度を求めよ。
(2) 人がエレベーターの床から受ける垂直抗力の大きさはいくらか。
(3) 人がエレベーターの床から受ける垂直抗力は，エレベーターが停止しているときと鉛直上向きに加速しているときとでは，どちらが大きいか。 ➡ 例題10

91. 静止摩擦力 ●

知識

図のように，粗い斜面上で物体が静止している。物体の重力を斜面に平行な方向と垂直な方向に分解したところ，それぞれ4.0Nと20Nであった。物体と斜面との間の静止摩擦係数を0.50として，次の各問に答えよ。

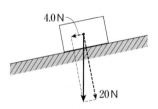

(1) 物体が受ける静止摩擦力の大きさはいくらか。
(2) 物体に斜面下向きの力を加える。物体がすべり出すためには，何Nよりも大きな力を加える必要があるか。 ➡ 例題13

92. 滑車につるした2物体の運動 ●

知識

図のように，水平とのなす角が30°の斜面上に，質量8.0kgの物体Aを置き，軽いひもをつけて滑車にかけ，質量6.0kgの物体Bをつるして静かにはなした。次の各問に答えよ。ただし，重力加速度の大きさを9.8m/s²とする。

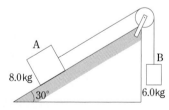

(1) 斜面がなめらかな場合，物体Bは上昇するか，下降するかを答えよ。
(2) (1)の場合で，A，Bの加速度の大きさと，ひもの張力の大きさを求めよ。
次に，斜面に摩擦があり，Aとの間の静止摩擦係数を0.50とする。
(3) Bを静かにはなしたとき，A，Bは動き出すか，静止したままかを答えよ。

💡 ヒント (2) (1)で求めたAの重力の斜面に平行な成分を利用し，物体が動き出す向きを正として運動方程式を立てる。 ➡ 例題12・13

93. 摩擦角 〔知識〕

長さ 50 cm の粗い板の上に物体を置き，図のように，板の一方をゆっくりともち上げていったところ，板の端の高さが 30 cm をこえたとき，物体は板の上をすべり始めた。物体と板との間の静止摩擦係数はいくらか。

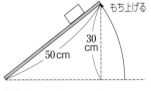

→ 例題13

💡**ヒント** すべり出す直前(高さが 30 cm のとき)，物体は最大摩擦力を受けてつりあっている。

94. 動摩擦力 〔知識〕

粗い水平な台の上を，質量 10 kg の物体が初速度 20 m/s で右向きにすべり始め，5.0 s 後に静止した。重力加速度の大きさを 9.8 m/s²，この間の運動は等加速度直線運動であったとする。

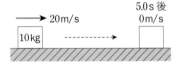

(1) 物体が運動している間の加速度を求めよ。

(2) すべり始めてから静止するまでに，物体がすべった距離は何mか。

(3) 物体にはたらいた動摩擦力の大きさと，物体と台との間の動摩擦係数を求めよ。

💡**ヒント** (3) 動摩擦力の大きさを求めるには，運動方程式を利用する。 → 例題14

95. 摩擦のある斜面上の運動 〔知識〕

水平とのなす角が 30° の粗い斜面上で，物体を運動させる。物体と斜面との間の動摩擦係数を μ'，重力加速度の大きさを g として，次の各問に答えよ。

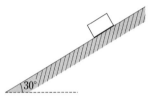

(1) 物体を斜面に静かに置くと，下向きにすべり始めた。物体の加速度を求めよ。

(2) 物体に初速度を与え，斜面に沿って上向きにすべらせた。斜面をすべり上がっているときの物体の加速度を求めよ。 → 例題14

💡**ヒント** 物体がすべっている向きによって，摩擦力の向きが異なる。

96. 連結された2物体の運動 〔知識〕

図のように，質量 m の台車Aと質量 M の物体Bを軽い糸でつなぎ，糸がたるまないようにして水平な面の上に置く。Aと面との間には摩擦はないが，Bと面との間には摩擦があり，動摩擦係数を μ' とする。重力加速度の大きさを g として，次の各問に答えよ。

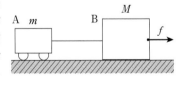

(1) Bに大きさ f の力を右向きに加えても，物体は動かなかった。このとき，Bが受けている静止摩擦力の大きさはいくらか。

(2) Bに大きさ F の力を右向きに加えると，A，Bが運動を始めた。このとき，Bが受けている動摩擦力の大きさはいくらか。

(3) (2)のとき，A，Bの加速度の大きさ a と，AB間の糸の張力の大きさ T を求めよ。

💡**ヒント** (3) Bが受ける力は，右向きに力 F，左向きに動摩擦力，糸の張力 T の3つである。

→ 例題11・14

97. 水の浮力 水の入っている容器に，天井から糸でつり下げた金属球を入れる。水の密度を $1.0 \times 10^3 \, \text{kg/m}^3$，金属球の体積を $1.0 \times 10^{-5} \, \text{m}^3$，質量を $8.0 \times 10^{-2} \, \text{kg}$，重力加速度の大きさを $9.8 \, \text{m/s}^2$ として，次の各問に答えよ。

(1) 金属球が受ける浮力の大きさはいくらか。

(2) 糸の張力の大きさはいくらか。　　　　→ 例題15

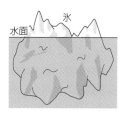

98. 浮かぶ氷 密度 ρ，体積 V の氷が，密度 ρ_w の水に浮かんでいる。水中にある氷の体積を V_w，重力加速度の大きさを g として，次の各問に答えよ。

(1) 氷が受ける浮力の大きさを，ρ_w，V_w，g を用いて表せ。

(2) 氷の水面から出ている部分の体積を，V，ρ，ρ_w を用いて表せ。

(3) 氷の密度が $\rho = 9.2 \times 10^2 \, \text{kg/m}^3$，水の密度が $\rho_\text{w} = 1.00 \times 10^3 \, \text{kg/m}^3$ のとき，氷の水面から出ている部分の体積は，氷全体の体積の何%になるか。有効数字2桁で答えよ。

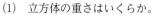 (1) 氷が受ける浮力の大きさは，水中の部分の氷が押しのけた水の重さに等しい。　→ 例題15

99. 浮力と加速度 密度 ρ_0 の水に，密度 $\rho(\rho < \rho_0)$ の物質でできた一辺の長さが L の立方体を指で押し，全体を水中に沈めて静止させた。重力加速度の大きさを g として，次の各問に答えよ。

(1) 立方体の重さはいくらか。

(2) 立方体が受ける浮力の大きさはいくらか。

(3) 立方体を押す指をはなした直後の，立方体の加速度を求めよ。

→ 例題15

100. 気球の運動 質量 $60 \, \text{kg}$ の気球が，鉛直上向きに一定の加速度 $0.20 \, \text{m/s}^2$ で上昇している。重力加速度の大きさを $9.8 \, \text{m/s}^2$ として，次の各問に答えよ。

(1) 気球が受けている浮力の大きさは何Nか。

(2) 気球に積んだ荷物を $10 \, \text{kg}$ 捨てると，気球の上向きの加速度はいくらになるか。ただし，荷物を捨てても気球が受ける浮力は変わらないとする。

101. 終端速度 思考 物理 記述 質量 $m \, \text{[kg]}$ の物体が，上空から初速度 $0 \, \text{m/s}$ で落下し始めた。この物体が速さ $v \, \text{[m/s]}$ のときに受ける空気抵抗の大きさは，比例定数 k を用いて，$kv \, \text{[N]}$ と表される。重力加速度の大きさを $g \, \text{[m/s}^2]$ として，次の各問に答えよ。

(1) 落下し始めた直後の，物体の加速度の大きさはいくらか。

(2) 物体の速さが $v_1 \, \text{[m/s]}$ のとき，加速度の大きさはいくらか。

(3) 物体が落下し始めてから十分に時間が経過したとき，落下している物体はどのような運動をするか。物体にはたらく力と加速度に注目して説明せよ。

 (3) 十分に時間が経過したとき，空気抵抗の大きさと重力の大きさは等しくなる。

物体が受ける力のみつけ方

これまでに学習したように，物体の運動を正しくとらえるには，物体が受ける力を適確に把握することが重要である。ここでは，物体が受ける力のみつけ方を改めて学習しよう。

力は目に見えないが，次の①と②の2点に留意してみつけることができる。[*]

①地球上のすべての物体は，鉛直下向きに重力を受ける。
②重力以外の力は，接触している他の物体から受ける（接触していない物体からは力を受けない）。

[*]ここでは，重力以外の空間を隔ててはたらく力（静電気力，磁気力など）は考えないものとする。

物体が受ける力には，おもに次のものがある。

●**垂直抗力**　面から垂直な向きに受ける力

●**静止摩擦力**　すべり出すのを妨げる向きに面から受ける力

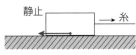

●**動摩擦力**　運動を妨げる向きに面から受ける力

●**張力**　糸やひもから受ける力

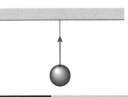

●**弾性力**　ばねから受ける力

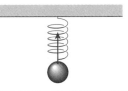

●**浮力**　流体中で流体から鉛直上向きに受ける力

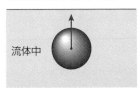

流体中

▶ **例題 1**　**空中を飛ぶ物体**　　　　　　　　　　　　➡演習問題 102

次の物体が受ける力をすべて図示せよ。また，何から受ける力かも，あわせて示せ。

(1)　鉛直上向きに投げ上げられた物体

(2)　斜め上向きに投げ上げられた物体

軌道

指針　物体が受ける力を図示するには，次のような手順をとるとよい。
　①重力を示す。
　②接触している他の物体から受ける力を示す。
(1)，(2)の場合，接触している他の物体がないので，物体は重力以外の力を受けない。

解説　(1)(2)　それぞれの物体は，地球から重力のみを受ける。

(1)　　　　　　　(2)

地球からの重力　　　軌道　地球からの重力

Point　このとき，物体は，運動の向きに力を受けていない。このように，運動の向きと力（加速度）の向きが一致しない場合がある。

解説動画

例題2　静止する物体と運動する物体　⇒演習問題 103, 105

次の物体が受ける力をすべて図示せよ。また，何から受ける力かも，あわせて示せ。

(1)　糸でつるされた物体

(2)　なめらかな水平面上をすべる物体

運動の向き

■指針■　(1)　物体は，重力のほかに，接触している糸から張力を受ける。
(2)　物体は，重力のほかに，接触している面から垂直抗力を受ける。

■解説■　(1)(2)　それぞれの物体が受ける力は，図のようになる。

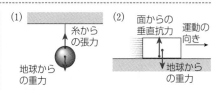

(1) 糸からの張力　地球からの重力
(2) 面からの垂直抗力　運動の向き　地球からの重力

Point　(2)の物体は，右向きにすべっているが，接触しているのは面だけであり，運動の向きに力を受けていない。

演習問題

102. 空中を飛ぶ物体　[知識]　次の物体が受ける力をすべて図示せよ。また，何から受ける力かも，あわせて示せ。　⇒例題1

(1)　鉛直上向きに投げ上げられ，最高点に達したときの物体

最高点

軌道

(2)　斜め下向きに投げ出された物体

軌道

103. 静止する物体　[知識]　次の物体が受ける力をすべて図示せよ。また，何から受ける力かも，あわせて示せ。　⇒例題2

(1)　ばねにつるされて静止する物体

(2)　糸につるされて水中で静止する物体

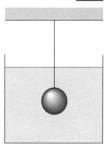

104. 積み重ねられた物体 〔知識〕 水平面上に，2つの物体 A，B が積み重ねて置かれている。次の物体が受ける力をすべて図示せよ。また，何から受ける力かも，あわせて示せ。

(1) 物体A

物体 A
物体 B

(2) 物体B

物体 A
物体 B

105. なめらかな水平面上の物体 〔知識〕 図のように，なめらかな水平面上を運動する物体がある。それぞれの物体が受ける力をすべて図示せよ。また，何から受ける力かも，あわせて示せ。

➡ 例題2

(1) 右向きに等速度運動をする物体

(2) 手で押されて右向きに運動する物体

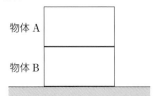

(3) ばねにつながれて左向きに運動する物体

縮んでいるばね

(4) ばね A，B につながれて左向きに運動する物体

伸びているばね A　　　縮んでいるばね B

106. なめらかな斜面上の物体 〔知識〕 図のように，なめらかな斜面上を運動している物体がある。それぞれの物体が受ける力をすべて図示せよ。また，何から受ける力かも，あわせて示せ。

(1) すべりおりる物体

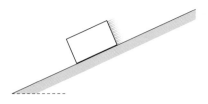

(2) 糸で引き上げられる物体

糸

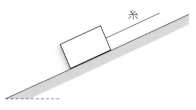

知識
107. 粗い水平面上の物体 ● 図のように，粗い水平面上で静止する物体，または運動する物体がある。それぞれの物体が受ける力をすべて図示せよ。また，何から受ける力かも，あわせて示せ。

(1) 糸で引かれても静止する物体

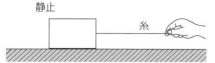

(2) 右向きに運動する物体

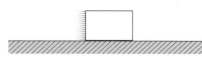

知識
108. 粗い面上の物体 ● 図のように，粗い面上で静止する物体，または運動する物体がある。それぞれの物体が受ける力をすべて図示せよ。また，何から受ける力かも，あわせて示せ。

(1) 斜面上で静止する物体

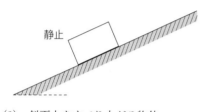

(2) 斜面上をすべりおりる物体

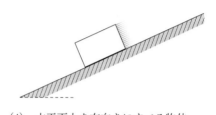

(3) 斜面上をすべり上がる物体

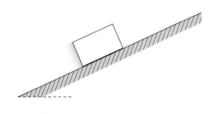

(4) 水平面上を右向きにすべる物体

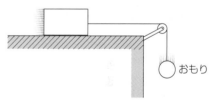

知識
109. 積み重ねられた物体 ● 水平面上に，2つの物体 A，B が積み重ねて置かれている。A と B との間に摩擦はあるが，B と面との間に摩擦はない。A に糸をつけて右向きに引くと，A は B の上をすべり，B は面の上をすべり出した。このとき，それぞれの物体が受ける力をすべて図示せよ。また，何から受ける力かも，あわせて示せ。

(1) 物体A

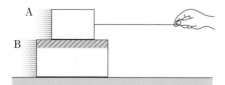

(2) 物体B

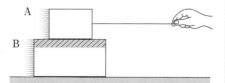

特別演習 ③ 運動方程式の立て方

これまでに学習したように，物体の運動を正しくとらえるためには，物体の運動方程式を適確に立てることも重要である。ここでは，運動方程式の立て方を改めて学習しよう。

運動方程式は，次のような手順で立てることができる。

①どの物体に着目して運動方程式を立てるかを決める。
②着目する物体が受ける力を図示する。
③正の向きを定め，加速度を a とする。運動する向きを正とすることが多い。複数の方向に力を受ける場合は，互いに垂直な2つの方向で正の向きを定める。
④物体が受ける運動方向の力の成分の和を求め，運動方程式「$ma＝F$」に代入する。2つの方向を定めた場合は，各方向で力の成分の和を求め，式を立てる。

▶ 例題3 水平面上の運動

⇒演習問題 110, 113, 114

なめらかな水平面上に置かれた質量 1.5 kg の物体に，右向きに大きさ 3.0 N の力を加えて運動させる。このとき，物体の加速度の大きさはいくらか。

■ 指 針　手順①～④に沿って，運動方程式を立て，物体の加速度を求める。

■ 解 説　**手順①：着目する物体を決める。**
水平面上の物体に着目する。

手順②：物体が受ける力を図示する。
物体は，重力 mg，面からの垂直抗力 N，加えた力 3.0 N を受け，それらは図のように示される。

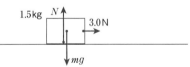

手順③：正の向きを定め，加速度を a とする。
物体が運動する右向きを正の向きとし，加速度を a〔m/s²〕とする。

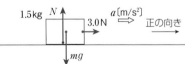

手順④：物体が受ける運動方向の力の成分の和を求め，運動方程式に代入する。
運動方向の力は，加えた力 3.0 N のみであり，成分の和は 3.0 N である。なお，鉛直方向の重力，

垂直抗力は，運動方向の成分をもたないので，考慮しなくてよい。

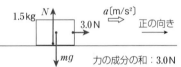

力の成分の和：3.0 N

物体の質量 $m＝1.5$ kg，力の成分の和 $F＝3.0$ N を運動方程式「$ma＝F$」に代入する。

$$1.5 \times a = 3.0$$

これを解いて a を求めると，$a＝2.0$ m/s²

Point この運動では，物体の加速度の向きは明らかであるが，運動には，加速度の向きが未知のものがある。また，運動の向き（速度の向き）と加速度の向きが一致しない運動も扱われる。

運動方程式を立てる際には，必ず正の向きを定めるようにする。正の向きは，運動する向きにとることが多いが，運動の向きがわからない場合は，仮に正の向きを定めて運動方程式を立てる。得られた加速度の正，負の符号から，加速度の向きを判断する。

解説動画

例題4　鉛直方向の運動

➡演習問題 111, 116, 117

　図のように，質量 $2.0\,\mathrm{kg}$ の小球に軽い糸を取りつけて手でもつ。静止させた状態から力を加えて，鉛直上向きに大きさ $2.2\,\mathrm{m/s^2}$ の加速度で運動させる。重力加速度の大きさを $9.8\,\mathrm{m/s^2}$ として，糸の張力の大きさを求めよ。

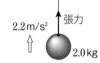

■**指針**　手順①～④に沿って，運動方程式を立て，糸の張力の大きさを求める。

■**解説**　**手順①：着目する物体を決める。**
小球に着目する。

手順②：物体が受ける力を図示する。
小球は，重力 mg，糸からの張力 T を受け，それらは図のように示される。

手順③：正の向きを定め，加速度を a とする。

小球が運動する鉛直上向きを正とすると，加速度は $2.2\,\mathrm{m/s^2}$ である。

手順④：物体が受ける運動方向の力の成分の和を求め，運動方程式に代入する。
運動方向の力の成分の和は，
$T - mg = T - 2.0 \times 9.8\,\mathrm{[N]}$
小球の質量 $m = 2.0\,\mathrm{kg}$，加速度 $a = 2.2\,\mathrm{m/s^2}$，力の成分の和 $F = T - 2.0 \times 9.8$ を運動方程式「$ma = F$」に代入すると，　$2.0 \times 2.2 = T - 2.0 \times 9.8$
これを解いて T を求めると，　$T = 24\,\mathrm{N}$

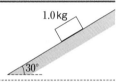

例題5　斜面上の運動

➡演習問題 112, 119, 120

　水平とのなす角が $30°$ のなめらかな斜面上に，質量 $1.0\,\mathrm{kg}$ の物体を静かに置くと，物体は斜面下向きにすべり始めた。重力加速度の大きさを $9.8\,\mathrm{m/s^2}$ として，物体の加速度の大きさを求めよ。

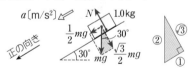

■**指針**　手順①～④に沿って，運動方程式を立て，物体の加速度を求める。

■**解説**　**手順①：着目する物体を決める。**
斜面上の物体に着目する。

手順②：物体が受ける力を図示する。
物体は重力 mg，面からの垂直抗力 N を受け，それらは図のように示される。

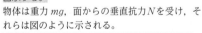

手順③：正の向きを定め，加速度を a とする。
物体が運動する斜面下向きを正として，加速度を $a\,\mathrm{[m/s^2]}$ とする。

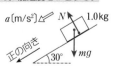

手順④：物体が受ける運動方向の力の成分の和を求め，運動方程式に代入する。
物体が受ける斜面に平行な方向（運動方向）の力の成分の和は，$\dfrac{1}{2}mg = \dfrac{1}{2} \times 1.0 \times 9.8 = 4.9\,\mathrm{N}$ となる。

なお，斜面に垂直な方向の力は，運動方向の成分をもたないので，考慮しなくてよい。

物体の質量 $m = 1.0\,\mathrm{kg}$，力の成分の和 $F = 4.9\,\mathrm{N}$ を運動方程式「$ma = F$」に代入すると，
$1.0 \times a = 4.9$
これを解いて a を求めると，$a = 4.9\,\mathrm{m/s^2}$

Point　物体が複数の方向に力を受ける場合は，運動方向とそれに垂直な2つの方向に分解するとよい。斜面上における運動を考えるときは，物体が受ける力を斜面に平行な方向，垂直な方向に分解することが多い。

110. 水平方向の運動 ● 図のように，なめらかな水平面上に質量 4.0kg の物体が静止している。この物体に，次のような力を加えた。それぞれの場合における物体の加速度の大きさと向きを求めよ。

4.0kg

(1) 右向きに 5.0N，左向きに 3.0N の 2 つの力を加えた。

(2) 右向きに 7.0N，左向きに 8.0N，左向きに 3.0N の 3 つの力を加えた。 ➡ 例題 3

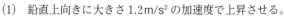

111. 鉛直方向の運動 ● 質量 0.50kg の物体に軽いひもの一端を取りつけ，他端を手でもって静止させる。ひもの張力の大きさを変化させて，物体を鉛直方向に運動させる。次のような運動を物体にさせるとき，ひもの張力の大きさはそれぞれいくらか。ただし，重力加速度の大きさを 9.8m/s² とする。

0.50kg

(1) 鉛直上向きに大きさ 1.2m/s² の加速度で上昇させる。

(2) 鉛直下向きに 1.2m/s² の加速度で下降させる。

(3) 鉛直下向きに 9.8m/s² の加速度で下降させる。 ➡ 例題 4

112. 斜面上の運動 ● 図のように，水平とのなす角が 30° のなめらかな斜面上に物体を置き，斜面に沿って上向きに初速を与えて，物体を斜面上向きにすべらせた。このときの物体の加速度の大きさと向きを求めよ。ただし，重力加速度の大きさを 9.8m/s² とする。 ➡ 例題 5

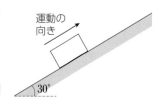

運動の向き

30°

113. 接触する 2 物体の運動 ● なめらかな水平面上に，質量 1.0kg の物体Aと質量 1.5kg の物体Bが接するように置かれている。A に大きさ 3.0N の右向きの力を加え続け，AとBを運動させる。このとき，A，Bの加速度の大きさと，AとBとの間でおよぼしあう力の大きさはそれぞれいくらか。 ➡ 例題 3

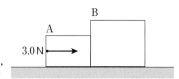

A
B
3.0N

114. 連結された物体の運動 ● なめらかな水平面上に，質量 m の物体Aと質量 M の物体Bが置かれている。両者を軽い糸でつなぎ，Bに大きさ f の右向きの力を加え続けて，AとBを運動させる。このとき，A，Bの加速度の大きさと，糸の張力の大きさはそれぞれいくらか。 ➡ 例題 3

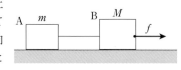

A m
B M
f

115. 【知識】 **滑車につるした物体の運動** なめらかな水平面上に置かれた質量 9.0kg の物体Aに軽い糸をつけ，なめらかに回転する軽い滑車に通して，他端に質量 5.0kg の物体Bをつるし，静かにはなすと，Bは下降し始めた。A，Bの加速度の大きさ，糸の張力の大きさはそれぞれいくらか。ただし，重力加速度の大きさを 9.8m/s^2 とする。

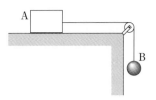

116. 【知識】 **連結された2物体の鉛直方向の運動** 質量 m の小球Aと，質量 $3m$ の小球Bを軽い糸でつなぎ，小球Aに大きさ F の力を加え，鉛直上向きに引き上げる。重力加速度の大きさを g とする。
(1) 鉛直上向きを正とする。A，Bの加速度を a，AB間の糸の張力の大きさを T として，A，Bのそれぞれについて運動方程式を立てよ。
(2) a，T をそれぞれ求めよ。 ➡ **例題4**

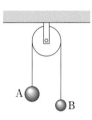

117. 【知識】 **滑車につるした物体の運動** なめらかに回転する軽い滑車に，軽い糸を通し，糸の両端に質量 M の物体Aと質量 m の物体Bをつけて手で静止させる。静かにはなすと，A，Bは運動を始めた。このとき，A，Bの加速度の大きさと，糸の張力の大きさはそれぞれいくらか。ただし，重力加速度の大きさを g として，物体の質量は $M>m$ の関係にあるとする。 ➡ **例題4**

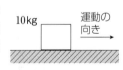

118. 【知識】 **粗い水平面上の運動** 粗い水平面上で，質量 10kg の物体に右向きの初速度を与え，すべらせた。このときの物体の加速度の大きさと向きを求めよ。ただし，物体と面との間の動摩擦係数を 0.20，重力加速度の大きさを 9.8m/s^2 とする。

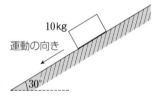

119. 【知識】 **粗い斜面上の運動** 水平とのなす角が $30°$ の粗い斜面上に，質量 10kg の物体を静かに置くと，物体は斜面に沿って下向きにすべり始めた。物体の加速度の大きさはいくらか。ただし，物体と面との間の動摩擦係数を $\dfrac{1}{2\sqrt{3}}$，重力加速度の大きさを 9.8m/s^2 とする。 ➡ **例題5**

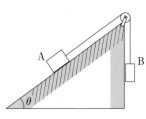

120. 【知識】 【三角比】 **滑車につるした物体の運動** 水平とのなす角が θ の粗い斜面上に質量 m の物体Aを置き，なめらかに回転する軽い滑車を通して，質量 M の物体Bと糸でつなげる。静かにはなすと，Bは下降し始めた。A，Bの加速度の大きさと糸の張力の大きさを求めよ。ただし，Aと面との間の動摩擦係数を μ'，重力加速度の大きさを g とする。 ➡ **例題5**

発展例題7　重ねた物体の運動

➡発展問題 124

水平な床の上に，質量$2m$の物体Aを置き，Aの上に質量mの物体Bをのせる。床とAとの間に摩擦はなく，AとBとの間の動摩擦係数をμ'とする。Aをある力fで右向きに引くと，AとBとの間ですべりが生じ，別々に運動した。重力加速度の大きさをgとして，AとBのそれぞれの床に対する加速度の大きさを求めよ。

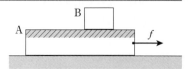

指針　AとBの間では，動摩擦力がはたらいている。Bが運動方向に受ける力は動摩擦力$\mu'mg$のみで，Bは右向きに加速しており，Aから右向きに動摩擦力を受けている。

Bが受ける動摩擦力の反作用として，Aは左向きに動摩擦力$\mu'mg$を受けている。このとき，引く力fが動摩擦力よりも大きいので，Aは右向きに加速している。

また，AとBの間にはすべりが生じており，それぞれの加速度は異なっている。A，Bの加速度をa_A，a_Bとし，それぞれの運動方程式を立てる。

解説　A，Bが受ける運動方向の力は，図のようになる。右向きを正とすると，A，Bのそれぞれの運動方程式は，

$$A : 2ma_A = f - \mu'mg \qquad B : ma_B = \mu'mg$$

$$a_A = \frac{f - \mu'mg}{2m} \qquad a_B = \mu'g$$

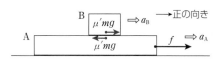

発展例題8　浮力の反作用

➡発展問題 127

図のように，質量Mの容器をはかりの上に置き，体積V_0の水を入れて，体積Vの木片を静かに水に浮かせた。水の密度をρ_0，木片の密度をρ，重力加速度の大きさをgとする。

(1)　木片が受けている浮力の大きさを求めよ。

(2)　木片全体の体積Vに対する水面から出ている部分の体積の比率を求めよ。

(3)　容器がはかりから受けている垂直抗力の大きさを求めよ。

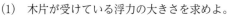
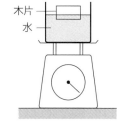

指針　木片は重力と浮力を受けて静止しており，それらの力のつりあいの式を立てる。また，木片が受ける浮力の反作用として，水は木片から力を受けている。

解説　(1)　木片が受ける力のつりあいから，浮力をfとすると，

$$f - \rho Vg = 0 \qquad f = \rho Vg$$

(2)　木片の水中にある部分の体積をV_Wとすると，浮力fは，$f = \rho_0 V_W g$となる。(1)から，

$$\rho_0 V_W g = \rho Vg \qquad V_W = \frac{\rho}{\rho_0} V$$

求める比率は，$\dfrac{V - V_W}{V} = \dfrac{V - \dfrac{\rho}{\rho_0} V}{V} = \dfrac{\rho_0 - \rho}{\rho_0}$

(3)　水と容器を一体のものとして考えると，その重力は$(M + \rho_0 V_0)g$，浮力の反作用はρVgで鉛直下向きに受けている。

はかりから受ける垂直抗力をNとすると，これらの力のつりあいから，

$$N - (M + \rho_0 V_0)g - \rho Vg = 0$$
$$N = (M + \rho_0 V_0 + \rho V)g$$

別解　(3)　木片，水，容器を一体のものとして考えると，重力と垂直抗力Nのつりあいから，　$N = (M + \rho_0 V_0 + \rho V)g$

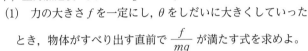

発 展 問 題

▶ **121. 斜めに加えられた力と摩擦力** 図のように，粗い水平面
上に質量mの物体を置き，鉛直と角θをなす向きに，物体の上
面に大きさfの力を加える。物体と面との間の静止摩擦係数を
μ，重力加速度の大きさをgとして，次の各問に答えよ。

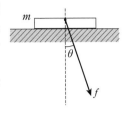

(1) 力の大きさfを一定にし，θをしだいに大きくしていった

とき，物体がすべり出す直前で$\dfrac{f}{mg}$が満たす式を求めよ。

(2) fを大きくしても物体がすべり出さないためには，θがどのような範囲になければ
ならないか。$\tan\theta$が満たす条件として求めよ。

(広島国際大 改)

[知識]

122. 連結された物体 図のように，2本の
軽いロープで結ばれている同じ質量mの物
体A，B，Cは，同じ大きさの加速度で運動
している。物体B，Cと水平面との間には摩
擦力がはたらき，動摩擦係数を0.35とする。
重力加速度の大きさをgとし，滑車の質量は
無視できるとする。

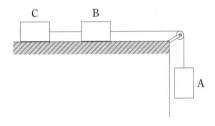

(1) 物体Bにはたらいている摩擦力の大きさを，m，gを用いて表せ。

(2) 物体の加速度の大きさ，およびAとBの間のロープ，BとCの間のロープの張力の
大きさを，それぞれm，gを用いて表せ。

(拓殖大 改)

[思考]

▶ **123. 棒でつながれた物体の運動** 図のよう
に，なめらかな水平面上に，質量mとMの2
つの物体A，Bが，質量w，長さlの太さと
密度が一様な棒でつながれている。物体Bを
大きさFの力で引いて運動させた。このとき，次の各問に答えよ。

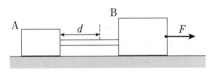

(1) これらの物体の加速度の大きさと，棒がその両端で水平方向に受けている力の大
きさをそれぞれ求めよ。

(2) 棒のAからの距離がdの点で，棒の右側の部分と左側の部分がおよぼしあう力の
大きさを求めよ。

💡**ヒント**

121 (1) 鉛直方向と水平方向の力のつりあいを考える。(2) $f\sin\theta$ が最大摩擦力以下であればよい。

122 (2) 物体A，B，Cについて，それぞれ運動方程式を立てる。

123 (1) 棒の質量が無視できないので，棒が両端で受けている力の大きさは異なる。A，Bに加え，棒につ
いても運動方程式を立てる。(2) Aからの距離がdの点で棒を分割して考え，その点から左側の部分，
または右側の部分について運動方程式を立てる。

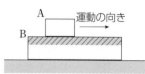
解説動画

知識

124. 重ねた物体の運動 ▓ なめらかな水平面上に質量Mの板Bが置かれ，その上に質量mの物体Aがのせられている。AとBとの間には摩擦があり，Aに右向きの初速度を与えてBの上ですべらせると，A，Bはそれぞれ異なる加速度で運動した。AとBとの間の動摩擦係数をμ'とし，重力加速度の大きさをgとする。

(1) A，Bが受ける動摩擦力の大きさと向きをそれぞれ求めよ。

(2) 面に対するA，Bの加速度の大きさと向きをそれぞれ求めよ。　　➡ 例題7

思考

▶ **125. 滑車でつながれた2物体の運動** ▓ 水平な台の上に質量Mの木片を置き，滑車を通してひもで皿と結び，皿の上に質量mのおもりをのせる。重力加速度の大きさをgとして，ひもと皿の質量は無視できるとする。また，滑車は軽くてなめらかに回転できるものとする。

(1) 木片と台との間に摩擦力がはたらかないと仮定した場合，木片の加速度の大きさと，ひもが木片を引く力の大きさはそれぞれいくらか。

実際には，木片と台との間には摩擦力がはたらく。おもりの質量mをいろいろと変えて，木片の運動を調べると，木片の加速度の大きさとおもりの質量の関係は，グラフのようになった。質量がm_1をこえたときに木片がすべり始め，質量がm_2のときの加速度はa_2であった。

(2) 木片と台との間の静止摩擦係数μはいくらか。

(3) 木片と台との間の動摩擦係数μ'はいくらか。

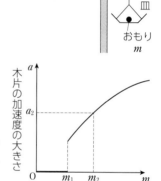

(20. 武蔵野大　改)

知識

126. 動滑車と運動方程式 ▓ 質量mのおもりAと質量$3m$のおもりBを，動滑車と定滑車にひもで図のようにつなげた。おもりA，Bを同じ高さで静止させ，静かにはなすと，それぞれ鉛直方向に運動し始め，おもりBは降下した。重力加速度の大きさをgとする。また，ひもと滑車の質量は無視でき，摩擦はないものとする。

(1) おもりAの加速度の大きさをa_A，おもりBの加速度の大きさをa_Bとして，a_A，a_Bの関係を式で示せ。

(2) おもりA，Bの運動方程式を用いて，a_A，a_Bとひもの張力の大きさを求めよ。

(3) おもりをはなしてから，おもりBが距離hだけ降下するまでの時間はいくらか。

(23. 香川大　改)

💡 ヒント

124　AとBがおよぼしあう動摩擦力は，作用・反作用の関係にある。

125　(2) グラフから，おもりの質量がm_1のときに，木片に最大摩擦力がはたらいていることがわかる。

126　(1) Bは常にAの2倍の距離を動く。

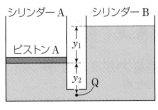

知識

127. 水圧とつりあい ■ 断面積が S_A〔m²〕，S_B〔m²〕のシリンダーA，Bの底部を細いパイプで連結し，水を入れる。シリンダーA内の水面に質量 M_A〔kg〕のピストンAを静かに置くと，図の位置で静止した。このとき，ピストンAの底面はシリンダーB内の水面よりも y_1〔m〕だけ下にあり，ピストンAの底面からパイプ内の点Qまでの深さは y_2〔m〕であった。水の密度を ρ〔kg/m³〕，大気圧を p_0〔Pa〕，重力加速度の大きさを g〔m/s²〕とする。

(1) 点Qにおける圧力を，M_A を含んだ式，および y_1 を含んだ式でそれぞれ表せ。

(2) M_A を求めよ。

　次に，シリンダーB内の水面に質量 M_B〔kg〕のピストンBを静かに置くと，ピストンBは，その底面がピストンAの底面と同じ高さになるまでなめらかに下降し，静止した。

(3) M_B を，M_A を用いて表せ。　　　　　　　　　　(17. 中部大　改) ➡ **例題8**

思考 **物理** **やや難**

▶**128. 空気抵抗と浮力** ■ 風のない空気中で，密度 ρ，半径 r の球が，点Oから鉛直方向に投げ上げられ，空気抵抗を受けながら運動する。この運動について，鉛直上向きを正の向きと定め，考察する。右の $v-t$ グラフは，投射後の球の速度と時刻の関係を示しており，点Oから投射した瞬間を $t=0$ とし，時刻 $t=t_P$ のときに球は最高点Pに達する。球が受ける空気抵抗の大きさは，球の速さと球の半径に比例するとし，球の速度が v のとき，空気抵抗は，比例定数 k を用いて，$-krv$ と表される。空気の密度を ρ_0，重力加速度の大きさを g とする。

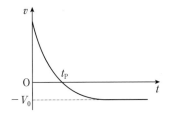

(1) 球の速度が v のとき，球には重力，浮力，空気抵抗の3つの力がはたらく。このときの球の加速度を求めよ。

(2) しばらくすると，球は一定の速さ V_0 で落下した。V_0 を求めよ。

(3) 空気抵抗がないものとする。投げ上げる時刻と初速度を調整して，時刻 t_P のときに最高点Pに達するように球を点Oから投げ上げたときを考える。球の速度と時刻の関係を表すグラフを上図の中に描け。

　空気抵抗があるときに，球が点Oから点Pまでの上昇に要する時間を t_{OP}，点Pから点Oまでの下降に要する時間を t_{PO} とする。また，空気抵抗がないものとしたときの，点Oから点Pまでの上昇に要する時間を t_{OP}'，点Pから点Oまでの下降に要する時間を t_{PO}' とする。

(4) t_{OP}，t_{PO}，t_{OP}'，t_{PO}' の大小関係を示せ。　　　　(20. 福島県立医科大　改)

💡ヒント ....

127 シリンダーA，Bのように連続した液体中では，同一水平面内であればどの位置でも圧力は等しい。

128 (3)(4) 速度と時刻の関係を表す $v-t$ グラフでは，傾きが加速度を表し，時間軸との間で囲まれる部分の面積が移動距離を表すことに着目する。

5 | 力学的エネルギー

1 力がする仕事

❶仕事

(a) **力の向きに物体が移動した場合** 物体に一定の大きさ F〔N〕の力を加え，力の向きに距離 x〔m〕移動させたとき，力が物体にした仕事 W〔J〕は，

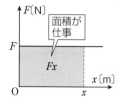

$$W = Fx \quad \cdots ①$$
（仕事〔J〕＝力の大きさ〔N〕×移動距離〔m〕）

(b) **力の向きと移動の向きが異なる場合** 物体に一定の大きさ F〔N〕の力を加え，力の向きと角 θ をなす向きに距離 x〔m〕移動させた場合，力が物体にした仕事 W〔J〕は，

$$W = Fx\cos\theta \quad \cdots ② \quad \begin{cases} 0 \leqq \theta < 90° \cdots\cdots W > 0 \\ \theta = 90° \cdots\cdots\cdots\cdots W = 0 \\ 90° < \theta \leqq 180° \cdots W < 0 \end{cases}$$

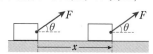

❷仕事の原理
一般に，道具を用いて仕事をするとき，道具の質量や摩擦が無視できるならば，仕事の量は道具を用いないときと変わらない。

〈例〉 鉛直方向に引き上げる場合

$$W_1 = mgh$$

斜面を利用して引き上げる場合

$$W_2 = \frac{1}{2}mg \times 2h = mgh$$

したがって，$W_1 = W_2$ となる。

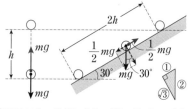

❸仕事率
単位時間あたりの仕事。単位は**ワット**（記号 W）。時間 t〔s〕の間に仕事 W〔J〕をするときの仕事率 P〔W〕は，

$$P = \frac{W}{t} \quad \left(\text{仕事率〔W〕} = \frac{\text{仕事〔J〕}}{\text{時間〔s〕}}\right) \quad \cdots ③$$

物体が一定の大きさ F〔N〕の力を受けながら力の向きに一定の速さ v〔m/s〕で運動している場合，力がする仕事の仕事率は，

$$P = \frac{Fx}{t} = Fv \quad \cdots ④$$

2 運動エネルギーと位置エネルギー

❶エネルギー
物体が他の物体に仕事をする能力をもつとき，その物体は**エネルギー**をもつという。

❷運動エネルギー
質量 m〔kg〕の物体が速さ v〔m/s〕で運動しているとき，物体の運動エネルギー K〔J〕は，

$$K = \frac{1}{2}mv^2 \quad \cdots ⑤$$

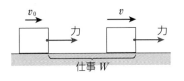

● **運動エネルギーの変化と仕事** 物体の運動エネルギーの変化は，物体がされた仕事に等しい。

$$\frac{1}{2}mv^2 - \frac{1}{2}mv_0^2 = W \quad \cdots ⑥$$

❸ **位置エネルギー**

(a) **重力による位置エネルギー** 基準面から高さ h〔m〕にある質量 m〔kg〕の物体がもつ重力による位置エネルギー U〔J〕は，

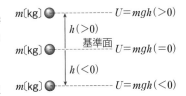

$U = mgh \quad \cdots ⑦$

重力による位置エネルギーは，基準面の定め方によって異なる。

(b) **弾性力による位置エネルギー** ばね定数 k〔N/m〕のばねが，自然の長さよりも x〔m〕伸びて（縮んで）いるときに，ばねにつながれた物体がもつ弾性力による位置エネルギー U〔J〕は，

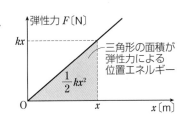

$U = \frac{1}{2}kx^2 \quad \cdots ⑧$

弾性力による位置エネルギーは変形したばねがもつと考え，**弾性エネルギー**ともいう。

❹ **保存力と位置エネルギー**

(a) **保存力** 物体が力を受けながら 2 点間を動くとき，その力のする仕事が移動経路によらず，はじめと終わりの 2 点だけで決まるとき，その力を**保存力**という。

〈例〉 保存力…重力，弾性力

摩擦力や空気抵抗は，移動経路によって物体にする仕事が変わるので，保存力ではない。

(b) **位置エネルギー** 重力や弾性力による位置エネルギーのように，位置だけで定まるエネルギー。点 A，B における位置エネルギーを U_A〔J〕，U_B〔J〕とすると，点 A から点 B まで移動する間に保存力がする仕事 W〔J〕は，位置エネルギーの差で表される。

$W = U_A - U_B \quad \cdots ⑨$

3 力学的エネルギー保存の法則

❶ **力学的エネルギー** 運動エネルギー K と位置エネルギー U の和。

❷ **力学的エネルギー保存の法則** 物体が保存力だけから仕事をされるとき，力学的エネルギー E は一定に保たれる。

$E = K + U \quad \cdots ⑩$

(a) **重力のみが仕事をする運動** なめらかな曲面を物体が下るとき，垂直抗力は常に運動方向に垂直で仕事をしないので，次式が成り立つ。

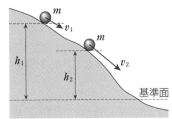

$$\frac{1}{2}mv_1^2 + mgh_1 = \frac{1}{2}mv_2^2 + mgh_2 \quad \cdots ⑪$$

(b) 弾性力のみが仕事をする運動 ばねにつな
がれた物体がなめらかな水平面上を運動する
とき，垂直抗力は仕事をしないので，次式が
成り立つ。

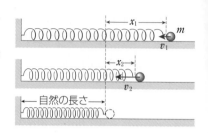

$$\frac{1}{2}mv_1{}^2 + \frac{1}{2}kx_1{}^2 = \frac{1}{2}mv_2{}^2 + \frac{1}{2}kx_2{}^2 \quad \cdots ⑫$$

❸力学的エネルギーが保存されない運動

物体が保存力以外の力(摩擦力や空気抵抗など)から仕事をされると，物体の力学的エ
ネルギーはその分だけ変化する。変化する前，変化した後の力学的エネルギーをそれぞ
れ E_1〔J〕，E_2〔J〕，保存力以外の力が物体にした仕事を W〔J〕とすると，

$$E_2 - E_1 = W \quad \cdots ⑬$$

摩擦力や空気抵抗から物体が負の仕事をされたとき，失われた力学的エネルギーは，
熱などの別の形態のエネルギーに変わる。

>>> **プロセス** >>> 次の各問に答えよ。

1 次の①～③に示す力が物体にする仕事は，正，負，0 のどれになるか。

①小球をもち上げる力

②動かない荷物を押し続け
る力

③面をすべる物体が受ける
動摩擦力

 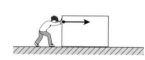 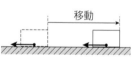

2 10 N の力で物体を力の向きに 5.0 m 動かすとき，この力がする仕事は何 J か。

3 100 W の仕事率で 1 分間仕事をしたとき，その間にした仕事はいくらか。

4 速さ 20 m/s で走行する質量 1000 kg の自動車がもつ運動エネルギーはいくらか。

5 地面から高さ 10 m の位置にいる，質量 50 kg の人の重力による位置エネルギーはいく
らか。ただし，地面を高さの基準とし，重力加速度の大きさを 9.8 m/s² とする。

6 ばね定数 100 N/m のばねが自然の長さから 0.10 m 伸びているとき，ばねにつながれ
た物体がもつ弾性力による位置エネルギーはいくらか。

7 ばね定数 10 N/m のばねに質量 10 kg の物体をつけ，なめらかな水平面上で自然長か
ら 0.10 m 伸ばしてはなすと，自然長の位置を通過するときの物体の速さはいくらか。

8 なめらかな水平面上の物体に，水平方向に 5.0 N の力を加えて力の向きに 2.0 m 動か
した。物体の力学的エネルギーはいくら増加したか。

9 図のように，物体がなめらかな曲面を点Aから点Bまで
べりおりる。点 A，B での物体の力学的エネルギーをそれぞ
れ E_A，E_B として，E_A，E_B の大小関係を示せ。

解答 ·····

1 ①正，②0，③負 　**2** 50 J 　**3** 6.0×10³ J 　**4** 2.0×10⁵ J 　**5** 4.9×10³ J 　**6** 0.50 J

7 0.10 m/s 　**8** 10 J 　**9** $E_A = E_B$

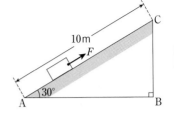

基本例題16　仕事
➡基本問題129

図のような，水平となす角が $30°$ のなめらかな斜面 AC がある。質量 $40\,kg$ の物体を斜面上でゆっくりと A から C まで引き上げた。重力加速度の大きさを 9.8 m/s^2 として，次の各問に答えよ。

(1) 物体を引き上げる力 F の大きさは何 N か。

(2) 力 F がした仕事は何 J か。

(3) 物体にはたらく重力がした仕事は何 J か。

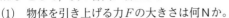

■ 指針　(1) 「ゆっくりと引き上げた」とは，力がつりあったままの状態で，物体を引き上げたことを意味する。斜面に平行な方向の力のつりあいの式を立て，F の大きさを求める。

(2)(3) 「$W = Fx\cos\theta$」を用いる。

■ 解説　(1) 物体にはたらく力は，図のようになる。斜面に平行な方向の力のつりあいから，

$F = mg\sin30°$

$= 40 \times 9.8 \times \dfrac{1}{2}$

$= 1.96 \times 10^2\,N$

$\mathbf{2.0 \times 10^2\,N}$

(2) 物体は，力 F の向きに $10\,m$ 移動しているので，仕事 W は，

$W = (1.96 \times 10^2) \times 10 = 1.96 \times 10^3\,J$

$\mathbf{2.0 \times 10^3\,J}$

(3) 重力と物体が移動する向きとのなす角は $120°$ である。重力がする仕事 W' は，

$W' = (40 \times 9.8) \times 10 \times \cos120°$

$= -1.96 \times 10^3\,J$ 　　$\mathbf{-2.0 \times 10^3\,J}$

■ 別解　(3) 重力は保存力であり，その仕事は，重力による位置エネルギーの差から求められる。点 A を高さの基準とすると，点 C の高さは $10\sin30° = 5.0\,m$ であり，仕事 W' は，

$W' = 0 - mgh = 0 - 40 \times 9.8 \times 5.0$

$= -1.96 \times 10^3\,J$ 　　$\mathbf{-2.0 \times 10^3\,J}$

基本例題17　仕事率
➡基本問題131, 132

広い貯水池の水面から $5.0\,m$ の高さのところへ，水面からなめらかなパイプを通してポンプで水をくみ上げる。くみ上げる水量は毎分 $30\,L$ である。水 $1\,L\,(=1000\,cm^3)$ の質量を $1.0\,kg$，重力加速度の大きさを $9.8\,m/s^2$ として，次の各問に答えよ。

(1) ポンプを 2 分間動かしたとき，重力に逆らってした仕事を求めよ。

(2) 水をくみ上げる仕事の仕事率を求めよ。

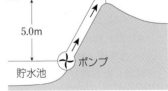

■ 指針　(1) 重力に逆らってした仕事が，くみ上げられた水の重力による位置エネルギーの増加分に相当する。

(2) 1 s 間あたりの，水の重力による位置エネルギーの増加分を求める。

■ 解説　(1) ポンプは，1 分間に $30\,L$（$30\,kg$）の水をくみ上げており，2 分間では $60\,kg$ をくみ上げる。貯水池の水面を高さの基準とすると，水の重力による位置エネルギーの増加分は，「$U = mgh$」の公式から，

$60 \times 9.8 \times 5.0 = 2.94 \times 10^3\,J$ 　　$\mathbf{2.9 \times 10^3\,J}$

(2) 1 分（$60\,s$）間に $30\,kg$ の水をくみ上げるので，1 s 間あたりの仕事，すなわち，仕事率 $P\,[W]$ は，

$P = \dfrac{W}{t} = \dfrac{30 \times 9.8 \times 5.0}{60} = 24.5\,W$ 　　$\mathbf{25\,W}$

▶ 基本例題18　振り子と力学的エネルギー

→基本問題 142, 143, 144

図のように，長さLの糸に質量mのおもりをつけ，天井からつるして振り子をつくった。糸がたるまないように，鉛直方向とのなす角が$60°$となる点Aまで引き上げ，静かにはなすと，おもりは最下点Bを通過し，点Cまで上がり，再び点Aまでもどった。重力加速度の大きさをgとする。

(1)　点Bを通過するときのおもりの速さを求めよ。

(2)　点Bから点Cまでの高さを求めよ。

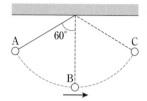

▌**指針**　おもりは，重力と糸の張力を受けて運動する。糸の張力は，常に運動方向と垂直にはたらくため，仕事をしない。したがって，おもりの力学的エネルギーは保存される。

▌**解説**　(1)　点Bの高さを重力による位置エネルギーの基準とし，点Bでの速さをvとする。点Aの高さは$\dfrac{L}{2}$で，おもりの速さは0である。点AとBで，力

学的エネルギー保存の法則の式を立てると，

$$0+mg\dfrac{L}{2}=\dfrac{1}{2}mv^2+0 \qquad v=\sqrt{gL}$$

(2)　点Cの高さをhとする。点Cは最高点なので，おもりの速さは0となる。点AとCで，力学的エネルギー保存の法則の式を立てると，

$$0+mg\dfrac{L}{2}=0+mgh \qquad h=\dfrac{L}{2}$$

Point　重力による位置エネルギーの基準は，計算が簡単になる位置にとるとよい。

▶ 基本例題19　弾性力による運動

→基本問題 138, 146

なめらかな水平面 AB と曲面 BC が続いている。Aにばね定数 9.8N/m のばねをつけ，その他端に質量 0.010kg の小球を置き，0.020m 縮めてはなす。重力加速度の大きさを 9.8m/s² とする。

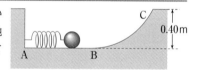

(1)　小球は，ばねが自然の長さのときにばねからはなれる。その後，小球は，水平面 AB から何mの高さまで上がるか。

(2)　水平面 AB からCまでの高さは 0.40m である。ばねを 0.10m 縮めてはなすと，小球はCから飛び出した。このときの小球の速さはいくらか。

▌**指針**　垂直抗力は常に移動の向きと垂直であり仕事をしない。小球は弾性力と重力のみから仕事をされ，その力学的エネルギーは保存される。(1)では，ばねを縮めたときの点と曲面上の最高点，(2)では，ばねを縮めたときの点と点Cとで，それぞれ力学的エネルギー保存の法則の式を立てる。

▌**解説**　(1)　重力による位置エネルギーの高さの基準を水平面 AB とすると，ばねを縮めたときの点で，小球の力学的エネルギーは，弾性力による位置エネルギーのみである。曲面BC上の最高点で，速さは0であり，力学的エネ

ルギーは重力による位置エネルギーのみである。最高点の高さをh〔m〕とすると，

$$\dfrac{1}{2}\times9.8\times0.020^2=0.010\times9.8\times h$$
$$h=2.0\times10^{-2}\text{m}$$

(2)　飛び出す速さをv〔m/s〕とすると，点Cにおいて，小球の力学的エネルギーは，運動エネルギーと重力による位置エネルギーの和であり，

$$\dfrac{1}{2}\times9.8\times0.10^2=\dfrac{1}{2}\times0.010\times v^2$$
$$+0.010\times9.8\times0.40$$
$$v^2=1.96=1.4^2 \qquad v=1.4\text{m/s}$$

基本問題

129. 仕事 図のように，水平面上にある物体に，水平とのなす角が30°の向きに10Nの力を加え続け，4.0 mだけ動かしたとき，この力がした仕事は何Jか。ただし，物体はもち上がったりせず水平に動いたとする。

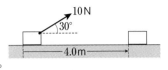

→ 例題16

130. 動滑車 図のように，定滑車と動滑車を組みあわせた装置を用いて，質量30kgの物体をゆっくりと1.0mの高さまで引き上げた。人がひもを引いた長さはいくらか。また，ひもを引く力がした仕事はいくらか。ただし，重力加速度の大きさを9.8m/s²とし，滑車やひもの質量は無視できるとする。

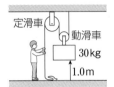

131. ポンプの仕事率 仕事率4.9kWのポンプを使って，水面から7.5mの位置にある貯水タンクに水をくみ上げたい。ポンプは，毎分何m³の水をくみ上げることができるか。ただし，水1.0m³の質量を1.0×10³kg，重力加速度の大きさを9.8m/s²とする。

→ 例題17

132. 動摩擦力と仕事率 質量20kgの物体に水平方向の力を加えて，粗い水平な台の上を力の向きに一定の速さで10s間に2.0m動かした。このとき，水平方向に加えた力がする仕事の仕事率は何Wか。ただし，物体と台との間の動摩擦係数を0.50，重力加速度の大きさを9.8m/s²とする。

→ 例題17

133. 速さと仕事率 図のように，粗い水平面上で，物体に力を加えて一定の速さ10m/sで引いた。物体が受ける動摩擦力は4.0Nであったとして，次の各問に答えよ。

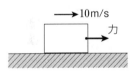

(1) 物体に加えた力の大きさはいくらか。
(2) 加えた力がする仕事の仕事率はいくらか。
(3) 物体が，10m/sとは異なる一定の速さで運動しており，このとき，(1)と同じ大きさの力がする仕事の仕事率が60Wであった。物体の速さはいくらか。

ヒント (2)(3)「$P=Fv$」を利用する。

134. 運動エネルギーと仕事 質量1000kgの自動車が，速さ36km/h（＝10m/s）で走っている。ある場所で自動車が急ブレーキをかけたところ，10mの距離をすべって停止した。この間，タイヤと路面との間にはたらく動摩擦力は一定であるとする。

(1) タイヤと路面との間の動摩擦力の大きさを求めよ。
(2) 同じ自動車が72km/hで走ってきて，この場所で同じように急ブレーキをかけたとき，自動車が停止するまでにすべる距離を求めよ。

知識

135. 運動エネルギーと仕事 ● 物体と台との間の動摩擦係数が 0.50 の水平な台の上で、物体に 14m/s の初速度を与えると、静止するまでにどれだけ移動するか。エネルギーの考えを用いて求めよ。ただし、重力加速度の大きさを 9.8m/s² とする。

知識

136. 仕事と位置エネルギー ● ある高さの点Oから、質量 20kg の物体を鉛直上向きに一定の速さで 10m もち上げる。重力加速度の大きさを 9.8m/s² とする。
(1) もち上げるのに必要な力の大きさはいくらか。
(2) もち上げるのに要した仕事はいくらか。
(3) 点Oを重力による位置エネルギーの基準とすると、点Oから 10m の高さにもち上げられた物体のもつ重力による位置エネルギーはいくらか。

知識

137. 位置エネルギーの基準 ● 図のように、川の水面から 4.0m 上に道路があり、道路から 5.0m 上に庭がある。道路の上に置かれた質量 10kg の物体について、次の面を基準にしたときの重力による位置エネルギーはいくらか。ただし、重力加速度の大きさを 9.8m/s² とする。
(1) 川の水面 (2) 道路 (3) 庭

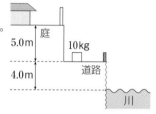

知識

138. 仕事と弾性エネルギー ● ばね定数 10N/m のばねを自然長から 10cm 伸ばす。
(1) ばねがたくわえている弾性エネルギーを求めよ。
(2) この状態から、ばねをさらに 10cm 伸ばすのに必要な仕事を求めよ。 **➡ 例題19**

知識

139. 投げおろした物体の力学的エネルギー ● 点Oから高さ h 〔m〕の点Aで、質量 m〔kg〕の物体を速さ v_0〔m/s〕で鉛直下向きに投げおろした。重力加速度の大きさを g〔m/s²〕とする。
(1) 点Oを重力による位置エネルギーの基準とする。点Aから y〔m〕下の点Bにおける物体の力学的エネルギーを求めよ。
(2) 点Bにおける物体の運動エネルギーを求めよ。
(3) 点Oにおける物体の運動エネルギーを求めよ。

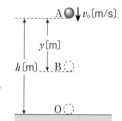

思考

140. 鉛直投げ上げとエネルギー ●
速さ v_0 で小球を鉛直上向きに投げ上げた。このとき、次に示す小球のエネルギーと投げ上げてからの時間 t との関係は、どのようになるか。①〜⑦のグラフの中から、適当なものを選べ。ただし、位置エネルギーの基準は投げ上げた地点とする。

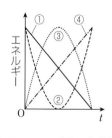

(1) 運動エネルギー (2) 位置エネルギー (3) 力学的エネルギー

141. 知識 **水平投射と力学的エネルギー**　地面から高さ H 〔m〕の位置で，質量 m〔kg〕の物体を水平方向に速さ v_0 〔m/s〕で投げ出した。地面を重力による位置エネルギーの基準とし，重力加速度の大きさを g〔m/s^2〕とする。

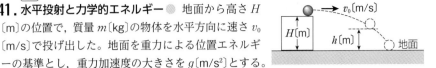

(1)　投げ出した直後の運動エネルギーと，重力による位置エネルギーを求めよ。

(2)　地面から高さ h〔m〕の位置を通過するときの，物体の速さを求めよ。

(3)　地面に達する直前の物体の速さを求めよ。

142. 知識 **振り子のエネルギー**　長さ 0.40m の糸の先におもりをつけ，点Oからつるして振り子をつくった。糸がたるまないように，鉛直方向とのなす角が 60° となる位置まで引き上げ，おもりを静かにはなす。点Oの真下でOから 0.20m の位置に釘がある。重力加速度の大きさを 9.8m/s^2 とする。

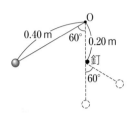

(1)　おもりが最下点に達したときの速さはいくらか。

(2)　最下点を過ぎると糸が釘に引っかかり，釘を支点として振り子が振れる。鉛直方向と糸とのなす角が 60° となるとき，おもりの速さはいくらか。

(3)　おもりが最高点に達したとき，糸と鉛直方向とのなす角はいくらか。　→ 例題18

143. 思考 **ジェットコースター**　図のように，台車が速さ 14m/s で点Aから出発し，鉛直面内にある直径 7.5m の円形のレールを一周し，斜面をのぼる。面はすべてなめらかであるとして，重力加速度の大きさを 9.8m/s^2 とする。次の各問に答えよ。

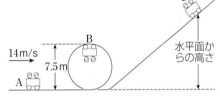

(1)　円形のレールの最高点Bにおける台車の速さはいくらか。

(2)　台車が斜面上の最高点Cに達したとき，水平面からの高さはいくらになるか。

(3)　円形のレールを外し，水平面と斜面だけのコースとする。同じ速さで点Aから出発したとき，台車が達する最高点Cの高さは変化するか，変化しないか。　→ 例題18

144. 知識 物理 **斜方投射と力学的エネルギー**　図のような，なめらかな曲面がある。水平な地面からの高さ h_1 の点Aから，初速度0ですべり出した質量 m の小球が，高さ h_2 の点Bから上向きに 45° の角度で飛び出した。重力加速度の大きさを g とする。

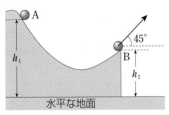

(1)　小球が点Bから飛び出す速さを求めよ。

(2)　最高点を飛んでいるときの，小球の運動エネルギーを求めよ。

(3)　点Bから飛び出したのち，小球が達する最高点の地面からの高さを求めよ。

💡 ヒント　(2) 最高点でも速度の水平成分があり，運動エネルギーは0にならない。　→ 例題18

思考

145. 滑車と力学的エネルギー 図のように，なめらかに回
転する軽い定滑車にかけた糸の両端に，質量 2.7 kg の物体A
と質量 2.2 kg の物体Bを結ぶ。A，Bを同じ高さで支え，静
かに支えを取ると，Aは下向きに，Bは上向きに運動を始め
る。はじめの位置を重力による位置エネルギーの基準とし，
2.0 m 移動したときについて，次の各問に答えよ。ただし，
重力加速度の大きさを $9.8 \, \text{m/s}^2$ とする。

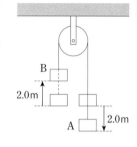

(1) A，Bの重力による位置エネルギーの和はいくらか。

(2) A，Bの速さはいくらか。

知識

146. ばねの縮み 図1のように，なめらか
な水平面上にばね定数 k のばねが置かれ，一
端が固定されている。質量 m の物体が速さ
v_0 でばねの他端に衝突した。

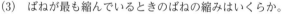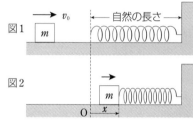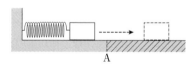

(1) 図2のように，ばねが x だけ縮んでいる
ときの，ばねの弾性エネルギーはいくらか。

(2) (1)のときの物体の速さはいくらか。

(3) ばねが最も縮んでいるときのばねの縮みはいくらか。 ➡ **例題19**

💡**ヒント** 物体の運動エネルギーとばねの弾性エネルギーの和は，一定に保たれる。

知識

147. 摩擦力と力学的エネルギー 水平面上で，
ばね定数 k のばねの一端が固定されている。ば
ねの他端に質量 m の物体を押しつけ，自然の長
さから L の長さだけばねを縮め，静かにはなす

と，物体は，ばねが自然の長さになったときにばねからはなれ，点Aを通り過ぎてある
位置で静止した。図の点Aから左側はなめらかな面であるが，右側は動摩擦係数が μ'
の粗い面である。重力加速度の大きさを g として，次の各問に答えよ。

(1) 物体がばねからはなれ，点Aから左側を運動しているときの速さを求めよ。

(2) 物体が点Aから静止するまでにすべった距離はいくらか。

知識

148. 摩擦のある斜面上での運動 水平とのなす角が30°
の粗い斜面上に，質量 2.0 kg の物体を置き，斜面に沿って
上向きに初速度 10 m/s で打ち出した。物体は，斜面に沿っ
て 5.0 m すべって静止した。重力加速度の大きさを 9.8
m/s^2 として，次の各問に答えよ。

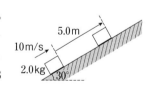

(1) この運動の前後で，物体の力学的エネルギーの変化はいくらか。

(2) 物体にはたらいていた動摩擦力の大きさはいくらか。

💡**ヒント** (1) 静止したときの物体の力学的エネルギーは，重力による位置エネルギーのみである。

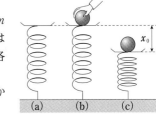

発展例題9　ばねと力学的エネルギー保存の法則

➡発展問題150

ばね定数 k の軽いばねに質量の無視できる皿をのせ、図(a)のように鉛直に立てる。図(b)のように、質量 m の物体を手でもって皿の上にのせ、急にはなすと物体は振動を始めた。重力加速度の大きさを g として、次の各問に答えよ。

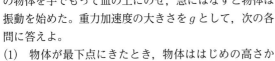

(1) 物体が最下点にきたとき、物体ははじめの高さから距離 x_0 下がっていた（図(c)）。x_0 はいくらか。

(2) 物体の速さが最大となるのは、はじめの高さからいくら下がったところか。

指針　物体は重力と弾性力だけから仕事をされ、その力学的エネルギーは保存される。

(1) 最下点での物体の速さは0である。

(2) 物体の速さが最大となるとき、運動エネルギーも最大となる。そのときの位置を求める。

解説　(1) はじめの皿の位置を高さの基準にとる。図(b)の位置と図(c)の位置とで、力学的エネルギー保存の法則の式を立てる。

$$0=-mgx_0+\frac{1}{2}m\times0^2+\frac{1}{2}kx_0{}^2$$

$$0=\left(\frac{1}{2}kx_0-mg\right)x_0 \qquad x_0=0,\ \frac{2mg}{k}$$

$x_0=0$ は解答に適さないので、$x_0=\dfrac{2mg}{k}$

(2) 距離 x 下がった位置での物体の速さを v とする。図(b)の位置とこの位置とで、力学的エネルギー保存の法則の式を立てる。

$$0=-mgx+\frac{1}{2}mv^2+\frac{1}{2}kx^2$$

$$\frac{1}{2}mv^2=-\frac{1}{2}k\left(x-\frac{mg}{k}\right)^2+\frac{m^2g^2}{2k}$$

v が最大値をとるときの x は、この式が最大値をとるときの値であり、$x=\dfrac{mg}{k}$

発展例題10　摩擦のある斜面上の運動 三角比

➡発展問題149, 153

図のように、水平とのなす角が θ の斜面の下端に、質量 m の物体を置き、斜面に沿って上向きに初速度 v_0 を与えた。斜面と物体との間の動摩擦係数を μ'、重力加速度の大きさを g として、次の各問に答えよ。

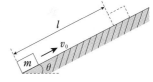

(1) 物体が斜面を上がって最高点に達するまでに、斜面上を移動した距離 l を v_0, g, μ', θ で表せ。

(2) 物体は最高点に達したのち、斜面をすべりおりる。下端に達したときの速さ v を v_0, μ', θ で表せ。

指針　物体は、運動の向きと逆向きに動摩擦力を受けており、その仕事の分だけ力学的エネルギーが減少する。最高点では速さが0となる。

解説　(1) 物体がすべり上がるときに受ける力は、図のようになる。動摩擦力の大きさは、$\mu'mg\cos\theta$ であり、最高点に達したときの力学的エネルギーの変化は、動摩擦力がした仕事に等しい。

$$mgl\sin\theta-\frac{1}{2}mv_0{}^2=-\mu'mgl\cos\theta$$

$$l=\frac{v_0{}^2}{2g(\sin\theta+\mu'\cos\theta)}$$

(2) 斜面の下端に達したときの力学的エネルギーの変化は、往復する間に動摩擦力がする仕事に等しい。

$$\frac{1}{2}mv^2-\frac{1}{2}mv_0{}^2=-2\mu'mgl\cos\theta$$

(1)の l を代入して、$v=\sqrt{\dfrac{\sin\theta-\mu'\cos\theta}{\sin\theta+\mu'\cos\theta}}\,v_0$

発 展 問 題

知識

149. 仕事率 水平とのなす角が $30°$ の斜面上で，質量 m の物体に力を加えて，一定の速さ v で引き上げる。次の各場合において，この力がする仕事の仕事率を求めよ。ただし，重力加速度の大きさを g とする。

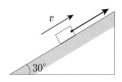

(1) 物体と斜面との間に摩擦がない場合

(2) 物体と斜面との間の動摩擦係数が μ' の場合　➡ 例題10

思考

▶ **150. 弾性体のエネルギー** ばね定数 k の軽いばねの上端を天井に固定し，下端に質量 m の物体を取りつける。はじめ，ばねが自然の長さになる位置で，物体を板で支える。重力加速度の大きさを g とする。

自然の長さ

物体

板

(1) 板をゆっくりと下げていく。板が物体からはなれるときの，ばねの自然の長さからの伸びはいくらか。

(2) (1)で，板が物体からはなれるまでの，物体が板から受ける垂直抗力の大きさ N と，ばねの自然の長さからの伸び x との関係をグラフで示せ。

(3) はじめの状態から板を急に取り去ると，物体は落下し始める。最下点に達したときの，ばねの自然の長さからの伸びはいくらか。

(4) (3)で，物体の速さが最大になるときの，ばねの自然の長さからの伸びと，そのときの物体の速さはいくらか。　　　　　　(23. 日本福祉大　改)　➡ 例題9

知識

151. 動摩擦力と仕事 水平面上の壁にばね定数 k のばねの一端を固定し，他端に質量 m の物体を取りつけた。ばねが自然の長さのときの物体の位置Oを原点とし，右向きを正とする x 軸

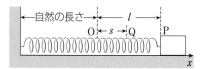

自然の長さ　　　 l

O　s　Q　P

x

をとる。物体を，原点Oから x 軸の正の向きに距離 l はなれた位置Pまで引き，静かにはなすと，物体は x 軸の負の向きに向かって動き出し，Oから距離 s はなれた位置Qで静止した。この運動では，PとQの間のある点で物体の速さが最大となることが観測された。物体と面との間の動摩擦係数を μ，重力加速度の大きさを g とする。

(1) 物体が位置Pにあるとき，ばねにたくわえられている弾性エネルギーはいくらか。

(2) 物体がOから距離 x はなれたPとQの間の任意の位置Rにあるとき，物体の運動エネルギーはいくらか。

(3) 物体が静止する位置Qの座標 s はいくらか。

(4) 物体の速さが最大となる位置を求めよ。　　　　　(10. 愛知教育大　改)

💡 ヒント

149　力 F を加えて速さ v で物体を運動させるとき，この力がする仕事の仕事率 P は，「$P=Fv$」となる。

150　(4) 力学的エネルギー保存の法則を用いて，運動エネルギーが最大となるときを考える。

151　(2) 物体の運動エネルギーの変化は，された仕事に等しいことを利用する。

[知識]

152. 連結された物体と摩擦 図のように，粗い水平面上に置かれた質量 M の物体Aが，なめらかな滑車を介して，質量 m の物体Bと軽い糸でつながれている。Bを静かにはなすと，Aが距離 D だけすべり，水平面

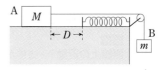

上に固定された軽いばねと衝突して，ばねを x だけ押し縮め，物体A，Bの運動が停止した。Aと面との間の動摩擦係数を μ，重力加速度の大きさを g とする。

(1) Aがばねと衝突する直前の，物体AとBの運動エネルギーの和と速さを求めよ。

(2) Aがばねと衝突してから停止するまでの間において，ばねの弾性力による位置エネルギーの変化を，m，M，D，x，μ，g を用いて表せ。　　　　　　　　　（和歌山大　改）

[思考][記述][三角比]

▶153. 動摩擦力と仕事 図のように，水平とのなす角が θ の粗い板の上に，質量 M の物体Aを置き，軽いひもの一端をAにつなぐ。ひもは板と平行に張って滑車にかけ，ひもの他端に質量 $m(m<M)$ の物体Bを鉛直につり下げる。この状態から物体Bを静かにはなしたところ，物体Aは板に沿って下向きにすべり始めた。Aが板の上を距離 l すべりおりたときについて，次の各問に答えよ。

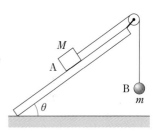

ただし，重力加速度の大きさを g，板と物体Aとの間の動摩擦係数を μ' とし，滑車はなめらかに回転できるものとする。

(1) 距離 l すべりおりたときの物体Aの速さを v とする。A，B全体の力学的エネルギーの変化量 ΔE を，M，m，l，θ，v，g を用いて表せ。

(2) 物体Aの速さ v を，M，m，l，θ，μ'，g を用いて表せ。

(3) この運動における物体Aの力学的エネルギーの変化量 ΔE_A は，正，負，0のいずれか。理由とともに答えよ。　　　　　　（12. 奈良女子大　改）　→**[例題10]**

[知識]

154. 棒におもりをつけた振り子 長さが $2R$ で，その中央の固定点Oを中心として，鉛直面内で自由に回転できる軽くてまっすぐな棒がある。この棒の両端に，それぞれ質量 m と質量 M のおもりAとBをつけて振り子とする。はじめ，おもりBはOの真上の位置にあり，わずかに傾けると回転を始めた。重力加速度の大きさを g として，次の各問に答えよ。ただし，$M>m$ であり，棒の長さに比べて A，B の大きさは無視できるとする。

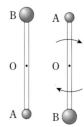

(1) 振り子が水平になったときのおもりBの速さを求めよ。

(2) おもりBが最下点にきたときのおもりBの速さを求めよ。

[ヒント]
....

152 AとBの力学的エネルギーの和は，動摩擦力による仕事の分だけ減少する。

153 (3) 物体Aに仕事をする保存力以外の力は，動摩擦力とひもの張力である。

154 おもりBが下がると，おもりAが上がる。A，Bの速さは同じである。

考 | 察 | 問 | 題

思考
155. 直線上の運動 ▶ 物体が，無限に長いなめらかな直線上を，一定の方向に等加速度直線運動と等速直線運動を交互に繰り返しながら移動している。物体のスタート地点をO，初速度の大きさを10m/sとする。また，物体

は，運動の向きを変えることはないとし，その向きを正とする。有効数字を2桁として，次の各問に答えよ。

(1) 物体が，点Oから加速度 $1.0\,\text{m/s}^2$ で20秒間，等加速度直線運動をした。20秒後の速度を求めよ。

(2) (1)の等加速度直線運動をした後，(1)の速度で20秒間，等速直線運動を行った。その後，加速度 $1.0\,\text{m/s}^2$ で再び20秒間，等加速度直線運動をした。運動を開始してから60秒間に進んだ距離を求めよ。

(3) (2)のように，物体が等加速度直線運動と等速直線運動を20秒ずつ交互に繰り返すとき，速度が 250m/s になるのは何秒後か。

(4) 速度が 250m/s に達するまでの間に，物体が点Oから進んだ距離を求めよ。

(5) 速度が 250m/s に達すると，すぐに物体は一定の加速度で減速し，速度が 0 になった。このとき，点Oから $7.23×10^4\,\text{m}$ 進んでいた。減速のときの加速度を求めよ。

（20．長浜バイオ大　改）

思考
156. 斜面上の物体の運動 ▶ なめらかな斜面上の点Aから，物体が斜面上向きにある速さで動き出した。動き出してから 2.0 秒後の速度は，斜面上向きに 1.6m/s，動き出してから 5.0 秒後の速度は斜面上向きに 1.0m/s となった。斜面上向きを

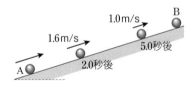

正の向きとして，次の各問に答えよ。ただし，有効数字を2桁とする。

(1) 物体の加速度はいくらか。

(2) 動き出してから t 秒後の物体の速度を v〔m/s〕とする。v を t を用いて表せ。

(3) 動き出してから t 秒後の点Aからの変位を x〔m〕とする。x を t を用いて表せ。

(4) 動き出してから物体が達する最高点をBとする。AB間の距離はいくらか。

(5) 動き出してから点Aにもどるまでの物体の運動について，縦軸に速度，横軸に時間をとったグラフを描け。

（20．聖隷クリストファー大　改）

💡**ヒント**

155 (3)(4) 物体は，等加速度直線運動と等速直線運動を交互に繰り返す規則的な運動をしている。速度 v と時間 t の関係を表す $v-t$ グラフを描いて考える。

156 なめらかな斜面上での運動であり，物体は等加速度直線運動をしている。

157. テーブルクロス引き ▶ 図1のように，テーブルの上にテーブルクロス，その上にグラスが乗っている。テーブルクロスを勢いよく水平にまっすぐ引くと，グラスをテーブルに残したまま，テーブルクロスだけ引き抜ける。引き抜いたときのテーブルクロスの速度変化は，図1の右向きを正の向きとして，図2に示すとおりである。グラスがテーブルから落ちない条件として，グラスがテーブルクロス上ですべる必要がある。グラスの質量を100g，底面積を25cm²，テーブルクロスとグラスとの間の静止摩擦係数を0.20，動摩擦係数を0.10，重力加速度の大きさを9.8m/s²とする。

思考 実験

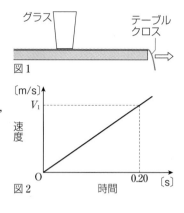

グラス　テーブルクロス

図1

図2

(1) グラスがテーブルクロス上ですべるために必要な加速度を得るには，図2に示された V_1 はいくらよりも大きくなければならないか。

(2) 底面積が50cm²で質量が200gの同一素材のグラスを用いて実験を行った。このとき，(1)で求めた速度はいくらになるか。

(3) (1)と同じグラスを使い，同じ実験を重力加速度の大きさが地球の $\frac{1}{5}$ の天体で行ったとする。(1)で求めた速度はいくらになるか。　　　　　　　　　　　(20. 国際基督教大　改)

思考 物理 やや難

158. 水中での物体の運動 ▶ 図のように，水が十分に入った水槽中に，糸アでつながれた質量Mの物体Aと質量mの物体Bがあり，物体Bは糸イで水槽の底につながれている。糸ア，イはたるまずに張っており，物体A，Bの体積は等しく，Vである。また，水の密度を ρ，重力加速度の大きさを g とする。

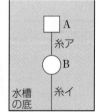

A　糸ア　B　糸イ　水槽の底

(1) 物体Aが水から受ける浮力の大きさを求めよ。

(2) 糸イがたるまない条件を不等式で表せ。

次に，図の状態から糸アを切断したところ，物体Aは水面に向かって浮き，物体Bは沈んでいった。水中を進む物体が水から受ける抵抗力の大きさを kv（k：正の定数，v：物体の速さ）とし，糸が受ける抵抗や渦などの影響は無視する。

(3) 糸が切断される前の状態での，物体Aと水面との間の距離を L とする。次の①，②の各場合について，物体Aが浮上を始めてから水面に到達するまでの時間を求めよ。

① k が小さく，水からの抵抗力が無視できる場合。

② k が大きく，浮上を始めてから終端速度に達するまでの時間が無視できる場合。

(20. 東京歯科大　改)

💡 ヒント

157 グラスがテーブルクロス上ですべるには，受ける摩擦力が動摩擦力になっていればよい。

158 (2) 糸イの張力の大きさが0以上であればよい。

思考 **実験**

159. 動摩擦係数の測定 ▶ 粗い水平面上で，一端を固定したばね定数 $k=50\,\text{N/m}$ のばねの他端に糸をつけ，糸に質量 $m=0.10\,\text{kg}$ の木片をつける。木片を右向きに引き，ばねが自然の長さから x 伸びたところで静かにはなすと，木片はばねに引かれてすべり，やがて止まる（図1）。このときのばねは自然の長さになっており，この間の木片の移動距離 L を測定する。図2は，x の値を変えて測定したときの結果であり，縦軸は L，横軸は x^2 を表す。動摩擦係数を μ'，重力加速度の大きさを $g=9.8\,\text{m/s}^2$ とする。

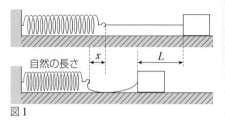

図1

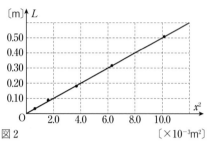

図2

(1) 次の文の（ ）に入る式を，k, m, x, L, μ', g の中から必要なものを用いて答えよ。

　動き始めてから止まるまでの間，木片には一定の大きさ（ ア ）の動摩擦力がはたらく。この間に動摩擦力がした仕事は，（ア）を用いると，（ イ ）と表される。木片をはなしてから止まるまでの，木片の力学的エネルギーの変化量は，k, x を用いて，（ ウ ）と表される。（イ）と（ウ）から，$\dfrac{L}{x^2}=$（ エ ）となる。

(2) (1)の(エ)と図2のグラフの傾きは同じである。動摩擦係数 μ' を数値で求めよ。

知識

160. ばねの運動 ▶ 自然の長さが L，ばね定数が k の軽いばねを鉛直に立て，ばねの下端を水平面に固定する。図1のように，ばねの上端に質量 M の板をとりつけ，板の上に質量 m の物体を置くと，ばねは自然の長さから d だけ縮んで静止した。板の上面は水平であり，ばねは常に鉛直方向にあるとする。また，重力加速度の大きさを g とする。

(1) d を M, m, k, g を用いて表せ。

　次に，図1の状態から，物体を鉛直下向きに手で押してばねをさらに $3d$ だけ縮め（図2），静かにはなすと，物体は板とともに鉛直上向きに運動を始めた。

(2) ばねの長さが $h(h<L)$ になったとき，物体が板から受ける垂直抗力の大きさはいくらか。ただし，物体は板からはなれないものとする。

(3) 物体は，やがて板からはなれる。板からはなれる直前のばねの長さを求めよ。また，そのときの物体の速さを，M, m, k, g を用いて表せ。

(20. 佛教大 改)

💡ヒント
159 (1) 動摩擦力がした仕事の分だけ，木片の力学的エネルギーは変化する。
160 (3) 物体と板をまとめて1つと考えると，力学的エネルギーは保存される。

思考 **実験**

161. 摩擦がある板上での運動 ▶ 図1のように，なめらかな床に質量 $M=4.0\,\mathrm{kg}$ の板を置き，その上に質量 $m=1.0\,\mathrm{kg}$ の物体をのせ，右端をそろえる。板に初速を与えてすべらせたとき，床から観察した各物体の速さは，図2のようになった。板と床との間に摩擦はないが，板と物体との間に摩擦はあるものとし，物体は板の上から落ちないものとする。また，板が運動する向きを正とする。

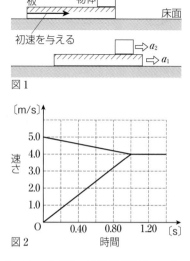

図1

(1) グラフから次の物理量を求めよ。
　①初速を与えてから物体が板に対して静止するまでの時間
　②①の間に物体が板上をすべった距離
　③①の間の板の加速度 a_1 と物体の加速度 a_2

(2) 板上を物体がすべっているとき，物体にはたらいている力を図示せよ。

(3) (2)のとき，板と物体の運動方程式をそれぞれ立てよ。ただし，動摩擦係数を μ，重力加速度の大きさを g とし，質量は M，m，加速度は a_1，a_2 を用いること。

(4) 重力加速度の大きさを $g=9.8\,\mathrm{m/s^2}$ として，動摩擦係数 μ を求めよ。

図2

思考

162. 定滑車と動滑車 ▶ 質量 m の物体を高さ h までもち上げたい。図1では，定滑車を用いて，糸の一端を鉛直下向きに一定の速度で引く。図2では，定滑車と動滑車を用いた装置で，糸の一端を図1と同じ速度で引く。滑車，および糸の質量は無視し，滑車はなめらかに回転するものとする。また，重力加速度の大きさを g とする。

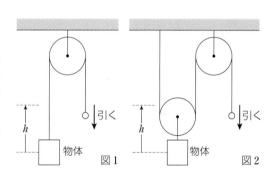

図1　図2

(1) 図1で，物体を高さ h までもち上げる間に，糸を引く力がした仕事を求めよ。

(2) 図1と図2のそれぞれで，物体を高さ h までもち上げる。もち上げるまでにかかる時間は，図1の装置に比べて図2の装置では何倍になるか。

(3) (2)において，糸を引く力がする仕事の仕事率は，図1の装置に比べて図2の装置では何倍になるか。

(20. 日本医療科学大　改)

ヒント

161 (2)(3) 板と物体が互いにおよぼしあう動摩擦力は，作用・反作用の関係にある。

162 (2) 図2の装置(動滑車)で物体を高さ h までもち上げるには，糸を引く距離は2倍の $2h$ となる。

6 熱とエネルギー

1 熱と温度

❶熱運動　物質を構成している原子や分子などの，微小な粒子の不規則な運動。

❷温度　熱運動の激しさを表す量。

(a) **セルシウス温度**　圧力 $1.013×10^5$ Pa（ 1 気圧）のとき，氷が融解する温度は 0 ℃，水が沸騰する温度は100℃である。

(b) **絶対温度**　－273℃を 0（**絶対零度**）として，目盛りの間隔をセルシウス温度と同じにした温度。単位は**ケルビン**（記号 K）。セルシウス温度 t〔℃〕と絶対温度 T〔K〕の関係は，

$$T = t + 273 \quad \cdots ①$$

❸熱の移動と熱量　温度の異なる 2 つの物体間で熱の移動がおこり，両物体の温度が等しくなったとき，それらは**熱平衡**の状態にあるという。

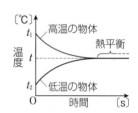

●熱と熱量　温度の異なる物体を接触させたとき，高温の物体から低温の物体へ移動する熱運動のエネルギーを**熱**，その量を**熱量**という。熱量の単位は**ジュール**（記号 J）。

❹熱容量　物体の温度を 1 K 上げるのに必要な熱量。単位は**ジュール毎ケルビン**（記号 J/K）。

❺比熱　単位質量の物質の温度を 1 K 上げるのに必要な熱量。 1 g あたりの値で示されることが多く，その単位は**ジュール毎グラム毎ケルビン**（記号 J/(g·K)）。水の比熱 4.2J/(g·K) は，身近な物質のうちで特に大きい（気体を除く）。

❻熱量と比熱・熱容量の関係　比熱 c〔J/(g·K)〕，質量 m〔g〕の物体の熱容量 C〔J/K〕は，

$$C = mc \quad \cdots ②$$

この物体の温度を ΔT〔K〕変化させるのに必要な熱量 Q〔J〕は，

$$Q = C\Delta T = mc\Delta T \quad \cdots ③$$

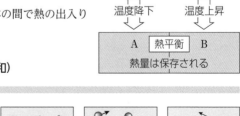

❼熱量の保存　一般に，いくつかの物体の間で熱の出入りがあるとき，次の関係が成り立つ。

（高温の物体が失った熱量の和）
=（低温の物体が得た熱量の和）

2 物質の三態と熱膨張

❶物質の三態と熱運動　物質は，一般に固体，液体，気体の 3 つの状態があり，これを**物質の三態**という。低温から高温になるにしたがって，熱運動が激しくなり，固体，液体，気体の順に変化する。

固体

液体

気体

❷**潜熱**　物質の状態を変化させるために使われる熱。物質 1 g あたりの値で示されることが多く，その単位は**ジュール毎グラム**(記号 J/g)。

融解熱…物質 1 g の融解に必要な熱量。

蒸発熱…物質 1 g の蒸発に必要な熱量。

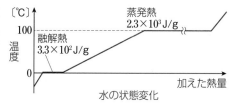

❸**物体の熱膨張**　ほとんどの物体では，温度の上昇に伴い，構成粒子の熱運動が激しくなって長さや体積が増加する(**熱膨張**)。

(a)　**線膨張**　温度による固体の長さの変化。ある物体の 0 ℃における長さを L_0，t〔℃〕における長さを L とすると，

$$L=L_0(1+\alpha t)　　(\alpha〔1/K〕：線膨張率) \cdots ④$$

(b)　**体膨張**　温度による物体の体積の変化。ある物体の 0 ℃における体積を V_0，t〔℃〕における体積を V とすると，

$$V=V_0(1+\beta t)　　(\beta〔1/K〕：体膨張率) \cdots ⑤$$

温度 t があまり広くない範囲では，$\beta=3\alpha$ の関係が成り立つ。

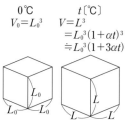

③ エネルギーの変換と保存

❶**熱と仕事**　熱は仕事と同等であり，エネルギーの 1 つの形態である。

❷**内部エネルギー**　物体の構成粒子がもつ熱運動による運動エネルギーと，粒子間にはたらく力による位置エネルギーの総和。内部エネルギーは温度が高いほど大きくなる。

❸**熱力学の第 1 法則**　物体に外部から加えられた熱量 Q〔J〕と，物体が外部からされた仕事 W〔J〕との和は，物体の内部エネルギーの変化 ΔU〔J〕となる(**熱力学の第 1 法則**)。

$$\Delta U=Q+W　\cdots ⑥$$

物体から熱が放出される場合…$Q<0$

物体が外部に仕事をする場合…$W<0$

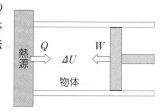

❹**熱機関と熱効率**

(a)　**熱機関**　繰り返し熱を仕事に変えるはたらきをする装置。

(b)　**熱効率**　高温の熱源から得た熱量に対する外部にした仕事の割合。熱機関が高温の熱源から得た熱量を Q_1〔J〕，低温の熱源に捨てた熱量を Q_2〔J〕とすると，その差 Q_1-Q_2 が外部にする仕事 W'〔J〕となる。熱効率 e は，

$$e=\frac{W'}{Q_1}=\frac{Q_1-Q_2}{Q_1}　\cdots ⑦$$

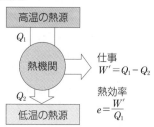

熱効率 e は，必ず 1 よりも小さくなる。

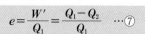

❺不可逆変化　自然にはもとの状態にもどらない変化。
一般に，自然界の変化は不可逆変化である。

　可逆変化…自然にもとの状態にもどることのできる
　変化。たとえば，振り子の運動では，摩擦などを
　無視できる理想的な条件のもとでは，再びもとの
　状態にもどることができる。

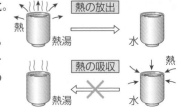

❻熱力学の第2法則　物理

不可逆変化の方向性を示す法則。たとえば，次のように表現される。

　　熱は，低温の物体から高温の物体に自然に移ることはない。また，1つの熱源から熱を得て，それをすべて仕事に変えることのできる熱機関は存在しない。

❼エネルギーの保存　エネルギーは，変換されても，その総和が一定に保たれる（**エネルギー保存の法則**）。この法則は，あらゆる現象についてあてはまり，自然界における最も基本的な法則の1つである。

▶▶ プロセス ▶　次の各問に答えよ。

1　27℃，100℃を絶対温度に換算すると，それぞれ何Kか。

2　0K，77Kをセルシウス温度に換算すると，それぞれ何℃か。

3　質量200gの鉄球の熱容量は何J/Kか。ただし，鉄の比熱を0.45J/(g·K)とする。

4　ある金属に800Jの熱量を与えると，温度が5.0K上昇した。金属の熱容量は何J/Kか。

5　アルミニウム球100gに270Jの熱量を与えると，温度が3.0K上昇した。アルミニウムの比熱は何J/(g·K)か。

6　図は，異なる材質でできた質量の等しい金属球a，b，cに，単位時間あたりに同じ熱量を加えたときの温度変化のようすである。比熱が大きい順に記号で答えよ。

7　100gの水と1000gの銅に同じ熱量を与えると，温度上昇が大きいのはどちらか。ただし，水の比熱を4.2J/(g·K)，銅の比熱を0.39J/(g·K)とする。

8　0℃，1.0kgの氷をすべて0℃の水にするために必要な熱量は何Jか。ただし，氷の融解熱を$3.3×10^2$J/gとする。

9　温度0℃において，長さ200mの鉄橋がある。夏と冬の温度差が50℃であるとき，長さの変化は何mか。ただし，鉄の線膨張率を$1.2×10^{-5}$/Kとする。

10　自由に動くピストンをもつ円筒容器内の気体に7.0Jの熱量を与えると，気体が膨張して外部に2.8Jの仕事をした。気体の内部エネルギーの増加は何Jか。

11　$1.8×10^8$Jの熱量を与えると，$3.6×10^7$Jの仕事をする熱機関の熱効率はいくらか。

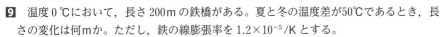

解答 ▶ ‥‥

1 300K，373K　　**2** −273℃，−196℃　　**3** 90J/K　　**4** $1.6×10^2$J/K　　**5** 0.90J/(g·K)
6 b，c，a　　**7** 銅　　**8** $3.3×10^5$J　　**9** 0.12m　　**10** 4.2J　　**11** 0.20

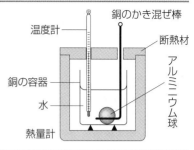

基本例題20　熱量の保存

➡基本問題 164, 165, 166

　周囲を断熱材で囲んだ熱量計に，$2.5×10^2$ g の水を入れると，全体の温度が 23℃ となった。この中に，100℃ に熱した質量 $2.0×10^2$ g のアルミニウム球を入れ，静かにかき混ぜたところ，全体の温度が 34℃ となった。アルミニウムの比熱はいくらか。ただし，水の比熱を 4.2 J/(g·K)，銅の容器と銅のかき混ぜ棒をあわせた熱容量を 30 J/K とする。

銅のかき混ぜ棒
温度計
断熱材
アルミニウム球
銅の容器
水
熱量計

第Ⅱ章　熱

■ 指 針　熱平衡に達したとき，高温のアルミニウム球が失った熱量は，低温の水，容器，かき混ぜ棒がそれぞれ得た熱量の和に等しい。

■ 解 説　アルミニウム球が失った熱量を Q_1〔J〕，その比熱を c〔J/(g·K)〕とすると，「$Q=mc\Delta T$」の式から，

$$Q_1=(2.0×10^2)×c×(100-34)=13200c〔J〕$$

一方，水が得た熱量を Q_2〔J〕，容器とかき混ぜ棒が得た熱量を Q_3〔J〕とする。Q_2 は，「$Q=mc\Delta T$」の式から，

$$Q_2=(2.5×10^2)×4.2×(34-23)=11550 J$$

Q_3 は，「$Q=C\Delta T$」の式から，

$$Q_3=30×(34-23)=330 J$$

熱量の保存から，$Q_1=Q_2+Q_3$ の関係が成り立つ。

$$13200c=11550+330$$
$$c=0.90 J/(g·K)$$

Point　熱量の保存では，次の関係を利用して式を立てるとよい。
（高温の物体が失った熱量の和）
　　＝（低温の物体が得た熱量の和）

基本例題21　熱機関の熱効率

➡基本問題 174, 175

　仕事率 70 kW，熱効率 30% のディーゼル機関がある。この熱機関は，重油を燃料として仕事をする。1.0 kg あたりの重油の発熱量を $4.2×10^7$ J として，次の各問に答えよ。

(1)　ディーゼル機関が 1 時間にする仕事はいくらか。

(2)　仕事を 1 時間したとき，仕事に変わることなく外部に捨てられた熱量はいくらか。

(3)　仕事を 1 時間したとき，消費された重油は何 kg か。

■ 指 針　(1)　仕事率は，1 s 間あたりの仕事である。すなわち，70 kW＝$70×10^3$ W の仕事率では，1 s 間に $70×10^3$ J の仕事をしている。

(2)　熱効率が 30% なので，重油の発熱量のうち，30% が仕事に変わっている。

(3)　1 時間の重油の発熱量からその質量を求める。

■ 解 説　(1)　1 時間は $60×60=3600$ s である。求める仕事 W'〔J〕は，

$$W'=70×10^3×3600=2.52×10^8 J$$

$$2.5×10^8 J$$

(2)　重油の 1 時間あたりの発熱量を Q_1〔J〕とすると，熱効率の式「$e=\dfrac{W'}{Q_1}$」から，(1)で求め

た値を用いて，

$$0.30=\frac{2.52×10^8}{Q_1}$$

$$Q_1=8.4×10^8 J$$

外部に捨てられた熱量を Q_2〔J〕とすると，$W'=Q_1-Q_2$ の関係から，

$$Q_2=Q_1-W'=8.4×10^8-2.52×10^8$$
$$=5.88×10^8 J\qquad 5.9×10^8 J$$

(3)　1 時間に消費される重油の質量を m〔kg〕とすると，1 時間の発熱量 Q_1〔J〕は，次のように表される。　$Q_1=m×4.2×10^7$

したがって，(2)の Q_1 の値を代入すると，

$$m=\frac{Q_1}{4.2×10^7}=\frac{8.4×10^8}{4.2×10^7}=20 kg$$

[知識]

163. 比熱と熱容量　質量200gの鉄製の容器に，水150gが入っている。鉄の比熱を0.45J/(g·K)，水の比熱を4.2J/(g·K)として，次の各問に答えよ。

(1)　鉄製の容器の熱容量はいくらか。

(2)　全体の温度を1K上昇させるのに必要な熱量はいくらか。

(3)　1800Jの熱量を与えたとき，全体の温度は何K上昇するか。

[知識]

164. 水が失う熱量　70℃の水200gと10℃の水50gを混ぜた。水の比熱を4.2J/(g·K)として，次の各問に答えよ。

(1)　外部と熱のやりとりがないとき，全体の温度は何℃になるか。

(2)　実際には，全体の温度が48℃になった。水全体が失った熱量はいくらか。

➡ 例題20

[知識]

165. 水の混合　熱容量200J/Kの容器に，水150gを入れてしばらく放置したところ，その温度が20℃になった。この中に70℃の水100gを入れると，全体の温度は何℃になるか。ただし，外部と熱のやりとりはなく，水の比熱を4.2J/(g·K)とする。➡ 例題20

[思考] [実験]

166. 比熱の測定　周囲を断熱材で囲んだ熱量計に水250gを入れると，全体の温度が26.0℃となった。そこへ，100℃の湯の中で加熱し，湯を払った150gのアルミニウム球を入れ，静かにかき混ぜると，全体の温度が34.0℃となった。銅の容器と銅のかき混ぜ棒の質量はあわせて100g，銅と水の比熱をそれぞれ0.39J/(g·K)，4.2J/(g·K)とする。

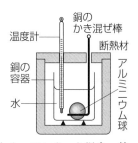

(1)　アルミニウムの比熱は何J/(g·K)か。

(2)　アルミニウム球を水中に入れるとき，球に付着した湯も入ってしまった場合，熱平衡に達したときの温度は，34.0℃よりも高くなるか，低くなるか。

➡ 例題20

[ヒント]　(2) 付着した湯も含めると，アルミニウム球の熱容量は大きくなる。

[知識]

167. 線膨張率　0℃のときの長さが10mの銅線がある。この銅線の温度を20℃に上昇させたところ，長さが3.3mm伸びた。銅の線膨張率はいくらか。

[知識]

168. 体膨張率　温度0℃，1気圧のもとで，1.00m³の空気は，温度が1℃上昇すると体積は何m³増加するか。また，これは1.00m³の何分の1か。ただし，空気の体膨張率を$3.66×10^{-3}$/Kとする。

[知識]

169. 水の蒸発熱　水300gに毎秒150Jの熱量を与えたところ，沸騰を始めた。水全体の10%を水蒸気にするには，沸騰し始めてから何秒かかるか。ただし，沸騰するまで蒸発はおこらないものとし，水の蒸発熱を$2.3×10^3$J/gとする。

思考

170. 氷の融解熱 温度 −20℃の氷に，時刻 0 から毎秒 60 J の熱量を加え始めた。やがて，氷は水になり，水の温度が 40℃になったところで加熱を止めた。図は，この間の氷，または水の温度変化を示している。氷，水から熱は逃げないものとし，水の比熱を 4.2 J/(g·K) とする。

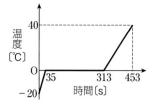

(1) 氷の質量はいくらか。

(2) 氷の比熱は温度によらず一定であるとして，その値はいくらか。

(3) 0℃，1 g の氷が，すべて水になるまでに必要な熱量はいくらか。

ヒント (3) 35～313 s の間は，加えた熱量はすべて氷から水への融解に使われる。

思考

171. 水の温度と状態変化 温度 −10℃，質量 100 g の氷に，毎秒 100 J の熱量を加えて，20℃の水になるまで加熱を続けた。この間について，図のように縦軸に温度，横軸に加熱時間をとったグラフを描け。ただし，氷，水から熱は逃げないものとする。また，氷，水の比熱をそれぞれ 2.1 J/(g·K)，4.2 J/(g·K)，氷の融解熱を $3.34×10^2$ J/g とする。

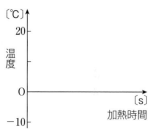

知識

172. ジュールの実験 図のように，質量 30 kg の 2 つのおもりを 1.0 m 落下させ，容器内の回転翼をまわし，容器内の質量 100 g の水をかき混ぜて，その温度を上昇させる実験を行った。おもりの落下による仕事は，すべて水の温度上昇に使われたものとし，水の比熱を 4.2 J/(g·K)，重力加速度の大きさを 9.8 m/s² として，次の各問に答えよ。

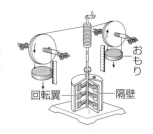

(1) 1 回の落下で，重力が 2 つのおもりにする仕事は何 J か。

(2) 1 回の落下で，水の温度は何℃上昇するか。

知識

173. 熱力学の第 1 法則 自由に動くピストンをもつ円筒容器内の気体を加熱したところ，気体は膨張して外部に 2.0 J の仕事をした。このとき，気体の温度は上昇し，内部エネルギーが 3.0 J 増加した。与えた熱量はいくらか。

知識

174. 熱機関と熱効率 重油 1.0 kg を燃焼させると，$4.2×10^7$ J の熱が出るものとする。熱効率 40%のディーゼル機関が，20 kg の重油を消費してする仕事はいくらか。

→ 例題21

知識

175. 熱効率 熱効率20%の熱機関が，$1.0×10^5$ J の仕事をした。次の各問に答えよ。

(1) 高温の熱源から吸収した熱量はいくらか。

(2) 低温の熱源に捨てた熱量はいくらか。

→ 例題21

発展例題11 氷の比熱

⇒発展問題177

質量 400 g の氷を熱容量 120 J/K の容器に入れ，容器に組みこんだヒーターで熱すると，全体の温度は図のように変化した。熱は一定の割合で供給され，すべて容器と容器内の物質が吸収したとし，水や氷の水蒸気への変化は無視できるものとする。また，水の比熱を 4.2 J/(g·K) とする。

(1) ヒーターが供給する熱量は毎秒何 J か。

(2) 氷 1 g を融解させるのに必要な熱量は何 J か。

(3) 氷の比熱は何 J/(g·K) か。

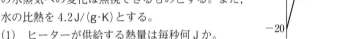

指針 (1) 254 s 以降の区間では，氷はすべて水に変化している。水と容器の温度上昇に必要な熱量から，ヒーターが毎秒供給する熱量を求める。

(2) 温度が一定の区間 (32〜254 s) では，供給された熱量はすべて氷の融解に使われる。これから，氷 1 g の融解に必要な熱量を求める。

(3) 氷と容器の温度が上昇する区間 (0〜32 s) で，温度上昇に必要な熱量から，氷の比熱を求める。

解説 (1) 水と容器をあわせた熱容量は，
$$400 \times 4.2 + 120 = 1.8 \times 10^3 \text{ J/K}$$
254〜314 s の間に供給された熱量で，水と容器の温度が 0 ℃ から 20 ℃ まで上昇するので，ヒーターが毎秒供給する熱量を Q [J] とすると，

$$(1.8 \times 10^3) \times (20 - 0) = Q \times (314 - 254)$$
$$Q = 6.0 \times 10^2 \text{ J}$$

(2) 32〜254 s の間に氷はすべて融解した。氷 1 g を融解させるのに必要な熱量を x [J] とすると，
$$400 \times x = (6.0 \times 10^2) \times (254 - 32)$$
$$x = 3.33 \times 10^2 \text{ J} \quad \mathbf{3.3 \times 10^2 \text{ J}}$$

(3) 氷の比熱を c [J/(g·K)] とすると，氷と容器をあわせた熱容量は，
$$400 \times c + 120 \text{ [J/K]}$$
0〜32 s の間に供給された熱量で，氷と容器の温度が -20 ℃ から 0 ℃ まで上昇するので，
$$(400 \times c + 120) \times \{0 - (-20)\}$$
$$= (6.0 \times 10^2) \times (32 - 0)$$
$$c = 2.1 \text{ J/(g·K)}$$

発展問題

176. 【知識】 **金属球の比熱** 質量 M_0 [g] の銅製容器に，M_1 [g] の水と M_2 [g] の金属球を入れ，断熱容器に入れてしばらく放置する。中にはヒーターが備えられており，毎秒 q [J] の熱量を加えることができる。熱を t [s] 間加え続けると，水温は T_1 [℃] から T_2 [℃] に上昇し，一定となった。金属球の比熱を求めよ。ただし，銅の比熱を 0.39 J/(g·K)，水の比熱を 4.2 J/(g·K) とする。

(11. 長崎大 改)

177. 【知識】 **氷の融解熱** 熱容量の無視できる容器に，比熱 4.2 J/(g·K)，質量 100 g，温度 10 ℃ の水が入っている。この容器に，比熱 2.1 J/(g·K)，質量 100 g，温度 -10 ℃ の氷を入れると，やがて，氷の一部が溶けて熱平衡の状態になった。氷の融解熱を 330 J/g として，このときの容器内の氷と水の質量をそれぞれ求めよ。熱は外部に逃げないものとする。

(21. 金沢工業大 改) ⇒ 例題11

💡**ヒント**

176 銅製容器，水，金属球の温度上昇に必要な熱量は，ヒーターから加えられた熱量に等しい。

177 熱平衡に達したとき，容器内の水と氷の温度は 0 ℃ になっている。

知識
178. ものさしと線膨張 線膨張率 α_1〔1/K〕の物質でつくられたものさしがあり，0℃で正しい長さが測定できるようになっている。これを使い，線膨張率 α_2〔1/K〕の物質でできた棒の長さを測る。温度 t〔℃〕のもとで棒の長さを測定すると，L〔m〕であった。

(1) 温度 t〔℃〕のときの棒の正しい長さはいくらか。

(2) 棒の温度を 0℃にしたとき，その長さはいくらか。 (17. 近畿大 改)

知識
179. 水銀の密度変化 0℃の水銀 200.0 cm³ を，60℃まで加熱する。水銀の体膨張率を 1.82×10^{-4}/K として，次の各問に答えよ。

(1) 水銀の体積は何 cm³ になるか。また，これは 0℃のときの体積の何倍か。

(2) 0℃の水銀の密度は，13.60 g/cm³ である。60℃での水銀の密度は，何 g/cm³ になるか。

知識
180. 失われた力学的エネルギー 図のように，水平とのなす角が 45°の粗い斜面上に，質量 m〔kg〕の物体を静かに置くと，物体は斜面をすべり始めた。物体と面との間の動摩擦係数を μ'，重力加速度の大きさを g〔m/s²〕とする。

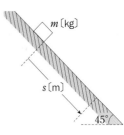

(1) 物体にはたらく重力，垂直抗力はそれぞれ何 N か。

(2) 物体が斜面を距離 s〔m〕すべる間に，重力，動摩擦力，垂直抗力がした仕事はそれぞれ何 J か。

(3) 斜面を距離 s〔m〕すべったとき，物体の速さは何 m/s か。

(4) 斜面を距離 s〔m〕すべる間に，摩擦によって発生した熱量がすべて物体に与えられたとする。物体の比熱を c〔J/(g·K)〕とすると，この間における物体の温度上昇は何 K か。 (名城大 改)

思考
▶**181. 熱機関と熱効率** 水蒸気を用いた熱機関(蒸気機関)がある。この蒸気機関では，仕事をしたあとの 100℃の水蒸気が放出されると，外部へ捨てられることなく，冷却器で毎秒 2.0 kg ずつ 100℃の水へもどされる(このような冷却器を復水器という)。この水は，高温高圧の水蒸気へ加熱されて，再び蒸気機関を動かすのに用いられる。100℃の水の蒸発熱を 2.3×10^3 J/g，この蒸気機関の熱効率を 15% とする。

(1) 仕事に変わることなく，蒸気機関から外部へ放出される熱量は毎秒何 J か。

(2) 蒸気機関は，高温の熱源から毎秒何 J の熱を取り入れているか。

(3) 蒸気機関が 10 分間にする仕事は何 J か。 (近畿大 改)

💡**ヒント** ┈┈

178 温度が上がると，ものさしも膨張する。

179 (2) 質量が変わらないので，密度は体積に反比例する。

180 (4) 失われた力学的エネルギーが，熱のエネルギーに変わる。

181 (1) 外部へ放出される熱量は，冷却器が得る熱量と等しい。

(2) 高温の熱源から取り入れる熱量は，外部放出する熱量と熱効率から求める。

考察問題

思考 **実験**

182. 比熱の測定 ▶ 図1の熱量計を使い，金属球の比熱を求める実験を行った。温度計とかき混ぜ棒は非常に細く，そこからの熱の出入りは無視できる。水の比熱を 4.2J/(g·K) とする。

【実験1】 熱量計の容器に水を注ぎ，かき混ぜ棒で十分にかき混ぜ，温度を測定した。ここに温度を測定した湯をすばやく注ぎ，すぐにふたを閉め，かき混ぜ棒で十分にかき混ぜ，温度を測定した。

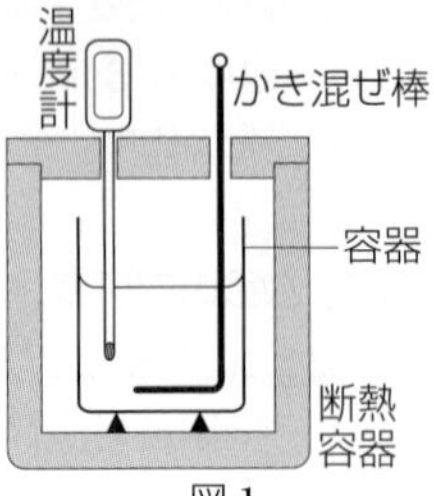

【実験2】 実験1と同じ熱量計の容器に水を注ぎ，かき混ぜ棒で十分にかき混ぜ，温度を測定した。次に，熱した金属球をこの容器の中にすばやく投入し，すぐにふたを閉め，かき混ぜ棒でかき混ぜながら，一定時間ごとに温度を測定すると，図2のような結果が得られた。

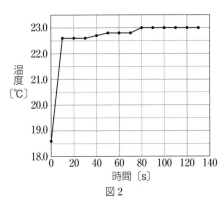

図1

【実験1の結果】

	質量〔g〕	温度〔℃〕
容器の中の水	150	20.1
追加した湯	150	51.0

十分にかき混ぜた後，温度計が示した温度は35.1℃である。

【実験2の結果】

	質量〔g〕	温度〔℃〕
容器の中の水	141	18.6
金属球	100	92.0

図2

(1) 熱量計の熱容量を求めよ。

(2) 金属球の比熱を求めよ。

(20. 関西医科大 改)

思考 **記述**

183. 物体の熱容量 ▶ 熱容量 C_H の高温物体を，熱容量 C_L の低温物体に接触させて熱平衡の状態にすることで，高温物体の温度を下げることを考える。接触させる前の2つの物体の温度をそれぞれ T_H，T_L とし，接触後の高温物体と低温物体の温度を T とする。

(1) 接触させる前の低温物体の温度が低いほど，高温物体の温度はより低下することを，式を用いて説明せよ。

(2) 低温物体の熱容量が大きいほど，高温物体の温度はより低下することを，式を用いて説明せよ。

(20. 藤田医科大 改)

💡**ヒント** ....

182 (2) 図2から，熱平衡の状態になったときの温度を読み取る。

183 高温物体が失った熱量は，低温物体が得た熱量に等しい。これを式で表して考える。

思考

184. 太陽熱温水器 ▶ 太陽光のエネルギーを熱のエネルギーに変換するパネルと，水が入った容器で構成された太陽熱温水器がある。容器の断面積は $10\,\text{m}^2$，深さは $0.10\,\text{m}$ で，水が満たされている。パネルの面積は $10\,\text{m}^2$ であり，このパネルが太陽光を垂直に受け，受ける太陽光のエネルギーは面積 $1.0\,\text{m}^2$ あたり毎秒 $1.0\,\text{kJ}$ であるとする。また，水の密度を $1.0\,\text{g/cm}^3$，比熱を $4.2\,\text{J/(g·K)}$ とし，容器内の水は一様に加熱され，水の蒸発や容器の熱容量は無視できるものとする。

(1) 太陽熱温水器のパネルが，60分間に太陽光から受けるエネルギーは何 J か。

(2) この太陽熱温水器では，パネルが受けたエネルギーのうち，60%が熱として容器内の水に与えられるとする。(1)において，水の温度上昇に使われる熱量は何 J か。

(3) 太陽熱温水器の容器に入っていた水の温度が25℃であった場合，太陽光を60分間あてた後の水温は何℃か。

(4) 太陽熱温水器のパネルの面積だけを 2 倍にした場合，25℃の水を40℃に加熱するのに要する時間は何分か。 (20. 杏林大 改)

思考

185. 氷の融解 ▶ 断熱された容器の中に，温度 $-T_0\,$[℃]の氷が $m\,$[g]入っている。容器内にはヒーターがついており，この氷を加熱することができる。

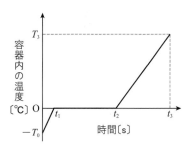

図は，ヒーターで毎秒一定の熱量を加えた際の容器内の温度変化を示している。加熱開始時の時刻を0とし，このとき $-T_0\,$[℃]だった氷は，時刻 $t_1\,$[s]で 0℃となり，その後しばらくの間，温度は 0℃で一定となった。時刻 $t_2\,$[s]のとき，氷は完全に溶けて水になり，再び温度が上昇し始めて，時刻 $t_3\,$[s]のとき，$T_3\,$[℃]となった。

この実験において，水の蒸発は無視できるものとして，次の各問に答えよ。ただし，水の比熱を $c_\text{w}\,$[J/(g·K)]とし，外部との熱のやりとりはなく，容器の熱容量は無視できるものとする。

(1) 氷が完全に溶けたあと，水の温度が 0℃から $T_3\,$[℃]まで上昇する間に与えられた熱量は何 J か。

(2) 1秒間あたりにヒーターから加えられた熱量は何 J/s か。

(3) 氷の融解熱は何 J/g か。

(4) 氷の比熱は，水の比熱 $c_\text{w}\,$[J/(g·K)]の何倍か。

(5) 加熱を開始してから $t'\,$[s]後に，この容器中に残っている氷の質量は何 g か。ただし，$t_1 < t' < t_2$ とする。 (16. 兵庫医科大 改)

💡**ヒント**

184 (3) 水の質量は，密度×体積で計算される。$1.0\,\text{g/cm}^3 = 1.0 \times 10^6\,\text{g/m}^3$ である。

185 (5) 時刻 $t_1 \sim t'\,$[s]の間に加えられた熱量から，溶けた氷の質量を求めて，はじめの氷の質量 $m\,$[g]から引く。

7 波の性質

1 波とその要素

❶波　ある場所で発生した振動が，次々と周囲に伝わる現象。**波動**ともよばれる。

　媒質…波を伝える物質。　波源…最初に振動を始めるところ。　波形…ある瞬間の波の形。
　パルス波…波源が短い時間だけ振動すると生じる。　連続波…振動を続けると生じる。

❷周期的な波　波の伝わり方や波形は，波源の振動のようすに関係する。

(a)　**単振動**　一定の速さで円周上を動く物体の運動(**等速円運動**)に横から光をあて，スクリーンに映すと，物体の影は直線上を往復する。このような運動を**単振動**という。

(b)　**正弦波**　波源が単振動をすることによって生じる波。波形は**正弦曲線**となる。

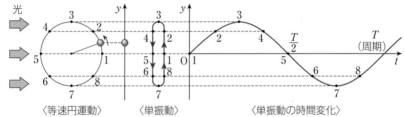

〈等速円運動〉　　〈単振動〉　　〈単振動の時間変化〉

❸正弦波の発生　波源が単振動をすると，その振動は次々と隣りあった媒質に伝わり，波形は，時間の経過とともに x 軸の正の向きに進む。一方，媒質の各点は，その場で y 軸の方向に単振動をする。波源が1回の振動をすると，1波長の正弦波が発生する。

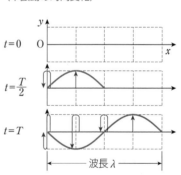

❹波の要素

　周期 T [s]…媒質が1回の振動に要する時間。

　振動数 f [Hz]…媒質が1s間あたりに繰り返す振動の回数。　　$f = \dfrac{1}{T}$　…①

　変位…振動の中心からの位置のずれ。
　山……波形の最も高いところ。
　谷……波形の最も低いところ。
　波長…隣りあう山と山(谷と谷)の間隔。
　振幅…つりあいの位置($y=0$)からの山の高さ(谷の深さ)。

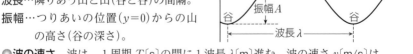

●**波の速さ**　波は，1周期 T [s]の間に1波長 λ [m]進む。波の速さ v [m/s]は，

$$v = \frac{\lambda}{T} = f\lambda　…②$$

❺波の位相　媒質がどのような振動状態(媒質の変位と速度)にあるのかを表す量。

　◉同位相　媒質の振動状態が互いに同じである場合，同位相であるという。

　◉逆位相　媒質の振動状態が互いに逆である場合，逆位相であるという。

2 横波と縦波

❶横波　媒質の振動方向が波の進行方向に垂直な波。固体中のみを伝わる。

　〈例〉　弦を伝わる波

❷縦波　媒質の振動方向が波の進行方向に平行な波。固体，液体，気体のいずれの中も伝わる。

　〈例〉　音波

❸縦波の横波表示　縦波は，媒質各点のx軸の正の向きの変位をy軸の正の向きへ，x軸の負の向きの変位をy軸の負の向きへ回転させることで，その波形が示される。

3 波のエネルギー

　波源から伝わる波のエネルギーは，波の振動数が大きいほど大きく，また，振幅が大きいほど大きい。

4 波の重ねあわせ

❶波の重ねあわせの原理　2つの波A，Bが重なりあうときの媒質の変位yは，それぞれの波の変位y_A，y_Bの和になる。

$$y = y_A + y_B \quad \cdots ③$$

合成波…重なりあってできる波。

❷波の独立性　2つの波が重なりあっても，それぞれの波は，互いに他の波に影響されずに進行する。

　波の重ねあわせの原理，独立性は，2つの物体の衝突ではみられない波に特有の重要な性質である。

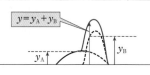

❸定常波(定在波)　波長と振幅の等しい波が同じ速さで互いに逆向きに進み，それらが重なりあってできる進行しない波。これに対し，合成前の波のように，一方に進む波を**進行波**という。

節…常に振動しない部分。

腹…最も大きく振動する部分。隣りあう節と節(腹と腹)の間隔は進行波の波長の1/2。

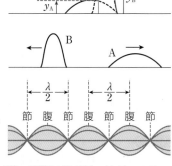

5 波の反射

媒質の端や境界に向かって進む波を**入射波**，そこから反射してもどる波を**反射波**という。

自由端反射…端の媒質が自由に動くことができる場合の波の反射。

固定端反射…端の媒質が固定された場合の波の反射。

❶パルス波の反射　自由端…山は山として反射。　固定端…山は谷として反射。

❷正弦波の反射　連続した正弦波の反射では，入射波と反射波から定常波ができる。

自由端…強めあって腹となる。　固定端…常に変位が0であり節となる。

> **反射波の作図の仕方**

●**自由端**　反射がおこらないとしたときの入射波の延長を，自由端で折り返したものが反射波になる（同位相になる）。

●**固定端**　反射がおこらないとしたときの入射波の延長を，上下に反転させ，さらに固定端で折り返したものが反射波になる（逆位相になる）。

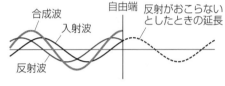

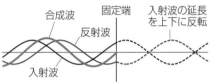

> **プロセス**　次の各問に答えよ。

1　1.0s間に20回振動する単振動において，1回の振動に要する時間は何sか。

2　周期0.20sの単振動の振動数はいくらか。

3　図1の波において，振幅と波長はいくらか。

4　波長2.5m，振動数8.0Hzの波の速さはいくらか。

5　図1の波において，$x=1.0$mの点と同位相，逆位相の点を，$0 \leqq x \leqq 5.0$の範囲でそれぞれ答えよ。

6　図2は，ばねを伝わる縦波のようすである。A，B，Cのうち，最も密な点，最も疎な点はどこか。

7　図3のように，互いに逆向きに進む2つの波が重なっている。合成波を作図せよ。

8　隣りあう腹と腹の間隔が1.0mの定常波がある。もとの進行波の波長は何mか。

9　波が自由端に入射する。波は1s間に1目盛り進むものとして，図4の状態から3s後の波形を描け。

10　固定端に正弦波が入射し続け，定常波が生じている。固定端の位置は定常波の腹となるか，節となるか。

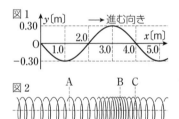

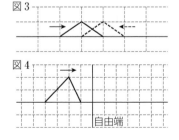

> 解答

1 5.0×10^{-2}s　**2** 5.0Hz　**3** 振幅：0.30m，波長：4.0m　**4** 20m/s

5 同位相：5.0m，逆位相：3.0m　**6** 密：B，疎：A　**7** 略　**8** 2.0m　**9** 略　**10** 節

基本例題22　横波の伝わり方

➡基本問題 187, 188, 189

図は，x 軸上に張られたひもの1点Oが単振動を始めて，0.40 s 後の波形である。

(1) 振幅，波長，振動数，波の速さはそれぞれいくらか。

(2) 図のO, a, b, c の媒質の速度の向きはどちらか。速さが0の場合は「速さ0」と答えよ。

(3) 図の時刻から，0.20 s 後の波形を図中に示せ。

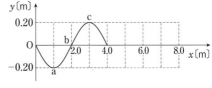

指針　(1) 周期は，波が1波長の距離を進む時間から 0.40 s である。振幅，波長をグラフから読み取り，振動数，波の速さを求める。

(2) 横波では，媒質の振動方向は波の進む向きに垂直であり，媒質は y 方向に振動している。

(3) 波は1周期の間に1波長の距離を進む。

解説　(1) グラフから読み取る。

振幅：$A = 0.20$ m，波長：$\lambda = 4.0$ m

振動数，波の速さは，

振動数：$f = \dfrac{1}{T} = \dfrac{1}{0.40} = 2.5$ Hz

波の速さ：$v = f\lambda = 2.5 \times 4.0 = 10$ m/s

(2) a と c は振動の端なので速さが0である。Oとbの向きは，微小時間後の波形を描いて調べる。　O：**上**，b：**下**，a と c：**速さ0**

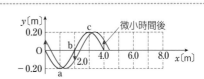

微小時間後

(3) 周期が 0.40 s なので，0.20 s 間で波は図の状態から半波長分を進む。

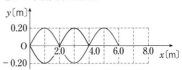

Point　媒質の速度の向きを調べるには，微小時間後の波形を描くとよい。

基本例題23　縦波の横波表示

➡基本問題 191, 192

図は，ある時刻における縦波を，横波のように表したものである。次の(ア)〜(オ)に該当する媒質の点を，記号 a 〜 h を用いて答えよ。

(ア) 最も密の部分　　(イ) 最も疎の部分

(ウ) 速度0の部分　　(エ) 左向きの速度が最大になる部分

(オ) a が1回振動し終わったとき，a から出た波が進んでいる点

指針　縦波の横波表示は，変位を y 軸に回転させたものである。実際の縦波の変位は，y 軸の正の向きの変位を x 軸の正の向きへ，y 軸の負の向きの変位を x 軸の負の向きへ回転させて示され，図のようになる。

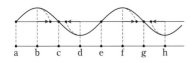

解説　横波表示を実際の縦波の変位にもどして考える。媒質の各点は単振動をしている。

(ア) **c, g**　　(イ) **a, e**

(ウ) 振動の端にあるときである。**b, d, f, h**

(エ) 変位0の点が速度最大であり，横波表示において微小時間後の波形を考えたときに，変位が負の向きになる点が左向きの速度をもつ。

a, e

(オ) 波は，媒質が1回の振動をすると，1波長進む。**e**

第Ⅲ章　波動

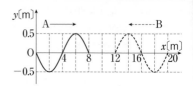

基本例題24 定常波

→基本問題194, 195

振幅0.5m，波長8mの正弦波A，Bが，同じ速さで互いに逆向きに進んでいる。A，Bは重なりあい，$x=0〜20$mの範囲には定常波が生じているが，図は，ある時刻のそれぞれの波の変位のようすを1波長分だけ示している。

(1) 図の瞬間において，観測される合成波を図示せよ。
(2) $x=0〜20$mの範囲で，節の位置はどこか。
(3) $x=0〜20$mの範囲で，腹はいくつできるか。また，腹の位置の振幅はいくらか。

指針 振幅，波長がそれぞれ等しい2つの正弦波が，同じ速さで互いに逆向きに進み，重なりあうとき，定常波ができる。(1)で合成波(定常波)を作図し，それをもとに節，腹について考える。

解説 (1) A，Bのそれぞれの波を$x=0$〜20mの範囲で示し，それらを重ねあわせの原理にしたがって合成する。

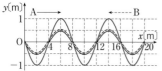

(2) 定常波の節は，まったく振動しない点である。(1)で作図した合成波から，節は**0, 4, 8, 12, 16, 20m**の各点であることがわかる。
(3) 定常波の腹は，最も大きく振動する点である。(1)で作図した合成波から，腹は2, 6, 10, 14, 18mの各点であり，その数は**5個**である。
また，振幅が0.5mの正弦波が重なりあっているので，合成波の振幅は，$2×0.5=$**1m**である。

Point 定常波の隣りあう腹と腹(節と節)の間隔は，進行波の波長の半分である。

基本例題25 正弦波の反射

→基本問題198, 199

図の点Oに波源があり，x軸の正の向きに正弦波を送り出す。端Aは自由端である。波源が振幅0.20mで単振動を始めて0.40sが経過したとき，正弦波の先端が点Pに達した。

(1) 波の速さはいくらか。
(2) 図の状態から，0.60s後に観察される波形を図示せよ。

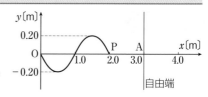

自由端

指針 (1) 波は0.40sで1波長分(2.0m)進んでいる。「$v=\dfrac{\lambda}{T}$」を用いる。

(2) 反射がおこらないとしたときの0.60s後の波形を描き，自由端に対して線対称に折り返したものが反射波となる。観察される波形は，この反射波と入射波を合成したものである。

解説 (1) 図から0.40s後に，1波長の波が生じている。周期$T=0.40$s，波長$\lambda=2.0$mである。波の速さをv〔m/s〕として，

$$v=\frac{\lambda}{T}=\frac{2.0}{0.40}=\textbf{5.0 m/s}$$

(2) 反射がおこらないとしたとき，波の先端は，Pから$5.0×0.60=3.0$m先まで達する。したがって，観察される波形は図のようになる。

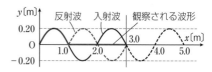

90 Ⅲ章 波動

186. 波の発生 ● 波源を振幅 0.10m，振動数 10 Hz の単振動をさせると，x 軸の正の向きに速さ 20m/s で伝わる正弦波が生じた。次の各問に答えよ。

(1) 波の波長は何mか。

(2) 波源の振幅を2倍の 0.20m にすると，速さはいくらになるか。また，振動数を2倍の 20Hz にすると，速さはいくらになるか。

(3) (2)のときの波の波長は，それぞれいくらか。

187. 波の要素 ● 図の実線波形は，x 軸の正の向きに進む正弦波の，時刻 $t=0$ のようすを示したものである。実線波形が最初に破線波形のようになるのに，1.5s かかった。次の各問に答えよ。

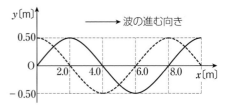

(1) 波の振幅，波長はそれぞれいくらか。

(2) 波の速さはいくらか。また，波の振動数，周期はそれぞれいくらか。

(3) 実線波形の状態から，3.0s 後の波形を図中に示せ。

(4) 波形が続いているとすると，$t=0$ のとき，$x=30.0$m の媒質の変位はいくらか。

ヒント (4) 正弦波では，1波長分の波形が繰り返し現れることに注目する。　　➡ 例題22

188. 横波の振動 ● 図は，x 軸の正の向きに進む横波の，時刻 $t=0$ における波形を表している。

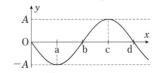

(1) 図の状態から微小時間が経過したとき，点Oの変位の向きはどちら向きか。

(2) $t=0$ において，媒質の速度が 0 の点，および y 軸の負の向きの速度が最大の点は，それぞれ図の点O～dのどれか。

(3) 点Oと同位相の点，逆位相の点は，それぞれ図の点a～dのどれか。

(4) 周期を T として，点bの媒質の変位と時間との関係を示す y-t グラフを描け。

ヒント (2) 媒質の振動の速さは，振動の両端で 0，振動の中心で最大となる。　　➡ 例題22

189. 波のグラフ ● 図で示される振動が媒質の1点(原点)におこり，x 軸の正の向きに 4.0m/s の速さで伝わる。次の各問に答えよ。

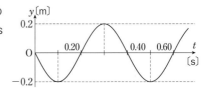

(1) 周期はいくらか。

(2) 波の波長はいくらか。

(3) 振動がおこってから 0.60s 経過したときの波形を描け。　　➡ 例題22

ヒント (3) 0.60s 経過すると，原点は 1.5 回の振動をして，原点からは 1.5 波長の波が生じている。

思考

190. $y-x$ グラフと $y-t$ グラフ x 軸の正の向きに伝わる正弦波がある。図1は時刻 $t=0$ の波形，図2はある位置における媒質の時間変化を表している。

(1) 波が伝わる速さは何 m/s か。

(2) 図2で表される振動をしている位置は，図1のどこか。$0 \le x \le 2.0$ m の範囲で答えよ。

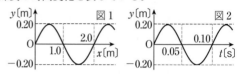

知識

191. 縦波の横波表示 図(a)は媒質がつりあいの位置に等間隔に並んだようす，図(b)はある瞬間の媒質の変位のようすを表している。x 軸の正の向きの変位を y 軸の正の向きへ，x 軸の負の向きの変位を y 軸の負の向きに移し，図(b)を横波のグラフに表せ。 ➡ **例題23**

知識

192. 縦波の表し方 図は，x 軸の正の向きに進む縦波の変位を，横波のように表したものである。次の媒質の各点は，それぞれ図の O～E のどれか。

(1) 最も密の部分

(2) 変位が x 軸の正の向きに最大の部分

(3) 振動の速さが波の進行する向きに最大の部分

(4) 振動の速さが0の部分 ➡ **例題23**

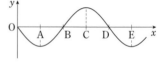

💡**ヒント** グラフは，縦波の x 軸の正の向きの変位を y 軸の正の向きに移して描いている。

知識

193. 波の重ねあわせ 図は，波 A，B のある瞬間における波形をそれぞれ表している。これらの波を重ねあわせた合成波を図中に示せ。

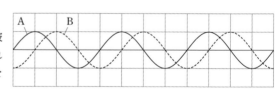

知識

194. 定常波 振幅，波長のそれぞれ等しい2つの波が，互いに逆向きに同じ速さで進んでいる。図は，時刻 $t=0$ s における2つの波の波形を表している。

(1) $t=0$ s のときの合成波を描け。

(2) $t=T/4$（T は周期）のときのそれぞれの波の波形を描き，合成波を示せ。

(3) $t=T/2$（T は周期）のときのそれぞれの波の波形を描き，合成波を示せ。

(4) 2つの波によって合成された波は定常波になる。定常波の腹と節はどこか。A～M の記号を用いて答えよ。 ➡ **例題24**

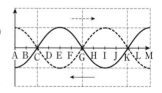

195. 【知識】 **定常波の腹と節** 振幅 0.3m, 波長 4 m で, x 軸を正の向きに進む正弦波Aと, 負の向きに進む正弦波Bがある。波は無限に続いているが, 図には, それぞれの正弦波のようすを 1 波長分のみ示している。A, B の合成波は定常波になる。

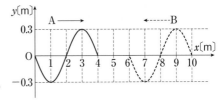

(1) 0～10m の範囲で, 節の位置はどこか。

(2) 0～10m の範囲で, 腹はいくつできるか。また, 腹の位置の振幅はいくらか。

💡ヒント それぞれの波が進み, 同位相で重なる点が腹, 逆位相で重なる点が節となる。　➡ 例題24

196. 【思考】 **定常波** 全長 1.2m の波動実験器(ウェーブマシン)に, 振動数 4.0Hz の振動を与えたところ, 図のような定常波ができた。次の各問に答えよ。

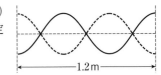

(1) 定常波の波長はいくらか。

(2) 定常波をつくっている進行波の速さはいくらか。

💡ヒント (1) 定常波の波長は, 定常波をつくっている進行波の波長と等しくなる。

197. 【知識】 **パルス波の反射** 図のように, 媒質中を 2 つの等しい三角形の波が, 毎秒 a の速さで右向きに伝わっている。図の状態から, 3 s 後と 6 s 後の波のようすを, 境界面が自由端の場合, 固定端の場合のそれぞれについて描け。

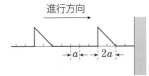

198. 【知識】 **正弦波の反射** 図のように, 媒質の境界に向かって, 正弦波が連続的に入射している。次の各問に答えよ。

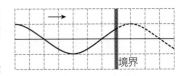

(1) 境界が自由端のとき, 観測される波形を図示せよ。

(2) 境界が固定端のとき, 観測される波形を図示せよ。

(3) 境界が自由端のとき, 境界は定常波の腹か, 節か答えよ。

💡ヒント 反射がおこらないとしたときの, 入射波の延長を描き, 境界の種類に応じて, 折り返す。
➡ 例題25

199. 【知識】 **反射と定常波** 図のように, 波が固定端Aに向かって連続的に入射している。

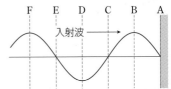

(1) 図の時刻から, 1/4 周期後と 1/2 周期後の入射波と反射波, および合成波の波形を描け。

(2) 定常波の腹となる点はA～Fのどこか。

💡ヒント 固定端反射では, 逆位相になる。入射波をAの右側まで描き, 反射波を作図する。　➡ 例題25

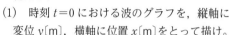

解説動画

発展例題12 　**媒質の振動**　　　　　　　　　　　　➡発展問題 201

x 軸の正の向きに速さ 10m/s で伝わる正弦波がある。図は，波源($x=0$)の媒質の変位 y〔m〕と時刻 t〔s〕との関係を示している。次の各問に答えよ。

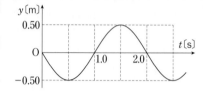

(1) 時刻 $t=0$ における波のグラフを，縦軸に変位 y〔m〕，横軸に位置 x〔m〕をとって描け。

(2) $x=5.0$m の媒質の変位 y〔m〕と時刻 t〔s〕との関係を示す y–t グラフを，縦軸に変位 y〔m〕，横軸に時刻 t〔s〕をとって描け。

■ **指針**

(1) 問題のグラフは，波源の変位が時間とともに変化するようすを表している。時刻 0 で波源の変位は 0 であり，微小時間が経過すると，変位は y 軸の負の向きとなる。波長を計算して y–x グラフを描く。

(2) 時刻 $t=0$ における $x=5.0$m の媒質の変位を求め，周期を読み取って y–t グラフを描く。

■ **解説**　(1) グラフから周期 T が 2.0s なので，波長は，

$\lambda = vT$
　　$= 10 \times 2.0 = 20$m

また，時刻 $t=0$ で，波源は y 軸の負の向きの

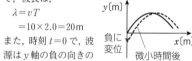

速度をもつので，波源よりもすぐ右側の媒質の変位の向きは，y 軸の正の向きとなる。求めるグラフは図のようになる。

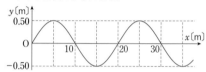

(2) (1)の結果から，$x=5.0$m の媒質の変位 y は 0.50m である。周期 T は 2.0s であるから，y–t グラフは図のようになる。

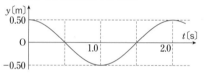

━━━━━━━━━━ 発 展 問 題 ━━━━━━━━━━

200. 波のグラフ　図は，x 軸の正の向きに進む横波を表したものであり，縦軸は変位 y〔cm〕，横軸は位置 x〔cm〕である。実線の波形から 0.20 秒後に，破線の波形になった。次の各問に答えよ。

(1) 波の振幅と波長を求めよ。

(2) 波の速さ，振動数として考えられるものを，$n=0$, 1, 2, 3, … を用いて表せ。

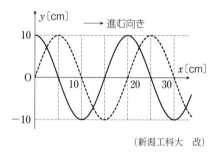

(新潟工科大　改)

💡 **ヒント**

200 実線の波の山が，すぐ隣の破線の波の山まで移動したとは限らない。

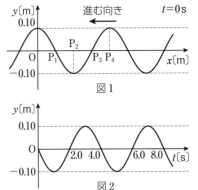

201. 負の向きに進む波 知識 x 軸上を負の向きに、速さ $0.20\,\mathrm{m/s}$ で進む正弦波がある。図 1 は、時刻 $t=0$ における変位 $y\,\mathrm{[m]}$ と位置 $x\,\mathrm{[m]}$ との関係を表した $y-x$ グラフである。図 2 は、点 $P_1 \sim P_4$ のいずれかの位置における、変位 $y\,\mathrm{[m]}$ と時刻 $t\,\mathrm{[s]}$ との関係を表した $y-t$ グラフである。

(1) 点 P_1 と P_2 の間の距離は何 m か。

(2) 点 P_4 における $0 \leqq t \leqq 6.0\,\mathrm{s}$ の変位をグラフに描け。

(3) 図 2 の $y-t$ グラフは、点 $P_1 \sim P_4$ のどの位置のものであるか。

(23. 北海道医療大 改) ➡ 例題12

202. パルス波 思考 図のように、y 軸方向に変位をもつパルス波が、速さ $1.0\,\mathrm{m/s}$ で x 軸の正の向きに進んでいる。図の時刻を $t=0\,\mathrm{s}$ とする。

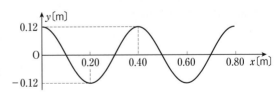

(1) 点 P が振動を始めてから終えるまでの時刻は、何 s から何 s か。

(2) $t=0\,\mathrm{s}$ から点 P が振動を終えるまでの、点 P の振動のようすを $y-t$ グラフに示せ。

(3) 点 P が振動を始めてから、最初に点 P の運動の向きが変化する時刻は何 s か。

(4) 点 P が振動を始めてから、点 P と Q の変位が最初に等しくなる時刻は何 s か。

(5) 時刻 $t=0\,\mathrm{s}$ から点 P が振動を終えるまでの、点 P の振動の速度を $v\,\mathrm{[m/s]}$ として、$v-t$ グラフを描け。

(20. 大阪教育大 改)

203. 正弦波の反射 思考 図は、ある媒質の時刻 $t=0$ における波形を示したものである。波は x 軸の正の向きに進んでおり、振動数は $5.0\,\mathrm{Hz}$ である。

(1) 波の周期、波長、速さはいくらか。

(2) $t=0 \sim 0.60\,\mathrm{s}$ の範囲で、$x=0.40\,\mathrm{m}$ の媒質の y と t の関係をグラフで示せ。

(3) $x=0.80\,\mathrm{m}$ の位置で自由端反射がおこるとすると、$x=0.20\,\mathrm{m}$ の位置における合成波の振幅はいくらか。また、固定端反射の場合、振幅はいくらになるか。

(11. 三重大 改)

💡**ヒント**
201 (3) 図 1 の状態から微小時間が経過したときの波形を描き、媒質各点の速度の向きを判断する。
202 (4) 点 Q は、点 P から $1.0\,\mathrm{s}$ 遅れて同じ振動をする。
203 (3) 定常波の腹と腹、節と節の間隔は、波長 $0.40\,\mathrm{m}$ の 1/2 である。

8 | 音波

1 音波の性質

❶音の速さと縦波 音波は，物質中を伝わる縦波（疎密波）である。空気中の音の速さ（音速）V〔m/s〕は，振動数や波長に関係なく，温度が t〔℃〕のとき，

$$V = 331.5 + 0.6t \quad \cdots ①$$

真空中では媒質がないので，音波は伝わらない。

❷音の3要素 音の高さ，音の大きさ，音色を**音の3要素**という。

音の高さ…音は，振動数が大きくなるほど高く聞こえる。音楽では，振動数が2倍の音を1**オクターブ**高い音という。ヒトが聞き取ることのできる音（可聴音）は，約20Hz～20000Hzである。ヒトが聞き取ることのできない高い音は，**超音波**とよばれる。

音の大きさ…同じ高さの音であれば，大きい音ほど振幅が大きい。

音色…音色が異なる音は，それぞれの波形が異なっている。

❸音波の反射 音波は媒質の端や，異なる媒質との境界で反射する。山びこが遅れて聞こえるのは，音が往復するのに時間がかかるからである。

❹うなり 振動数がわずかに異なる2つの音波が重なりあうと，音の大小が周期的に生じる（**うなり**）。2つの音源A，Bの振動数をそれぞれ f_1，f_2，うなりの周期を T，1s間あたりのうなりの回数を f とすると，

$$|f_1 T - f_2 T| = 1 \qquad f = |f_1 - f_2| \quad \cdots ②$$

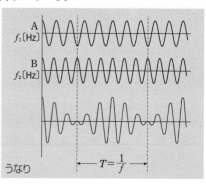

うなり

2 弦の振動

❶弦の固有振動 弦の両端は固定端であり，**両端を節とする定常波が生じる**。定常波の腹の数が m のとき，波長 $\lambda_m = \dfrac{2L}{m}$ であり，固有振動数を f_m，弦を伝わる横波の速さを v とすると，

$$f_m = \frac{v}{\lambda_m} = \frac{m}{2L}v \quad (m = 1,\ 2,\ \cdots) \quad \cdots ③$$

弦を伝わる横波の速さ v は，弦の張力が大きいほど，また，弦の単位長さあたりの質量（線密度）が小さいほど速くなる。

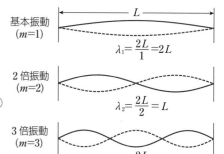

基本振動
($m=1$)
$$\lambda_1 = \frac{2L}{1} = 2L$$

2倍振動
($m=2$)
$$\lambda_2 = \frac{2L}{2} = L$$

3倍振動
($m=3$)
$$\lambda_3 = \frac{2L}{3}$$

❷弦を伝わる横波の速さ 発展

弦を伝わる横波の速さ v〔m/s〕は，弦の張力の大きさを S〔N〕，線密度を ρ〔kg/m〕として，

$$v = \sqrt{\frac{S}{\rho}} \quad \cdots ④ \qquad 式③は次のように表される。 \qquad f_m = \frac{m}{2L}\sqrt{\frac{S}{\rho}} \quad \cdots ⑤$$

3 気柱の振動

閉管や開管における気柱の振動では，閉口端(固定端)が節，開口端付近(自由端)が腹となる定常波が生じる。

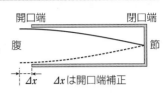

❶開口端補正 開口端にできる定常波の腹は，厳密には，開口端よりも少し外側にある。管の端から定常波の腹の位置までの距離を**開口端補正**という。この値は波長に関係しない。

❷閉管の振動…奇数倍振動が生じる。

$$\lambda_m = \frac{4L}{2m-1} \quad \cdots ⑥ \qquad f_m = \frac{2m-1}{4L}V \quad \cdots ⑦$$

❸開管の振動…整数倍振動が生じる。

$$\lambda_m = \frac{2L}{m} \quad \cdots ⑧ \qquad f_m = \frac{m}{2L}V \quad \cdots ⑨$$

(λ_m は波長，f_m は固有振動数，Vは音速，$m=1, 2, 3, \cdots$は節の数)

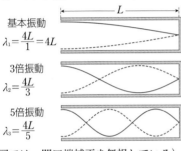

基本振動
$\lambda_1 = \dfrac{4L}{1} = 4L$

3倍振動
$\lambda_2 = \dfrac{4L}{3}$

5倍振動
$\lambda_3 = \dfrac{4L}{5}$

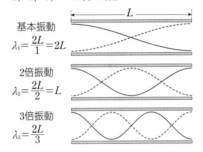

基本振動
$\lambda_1 = \dfrac{2L}{1} = 2L$

2倍振動
$\lambda_2 = \dfrac{2L}{2} = L$

3倍振動
$\lambda_3 = \dfrac{2L}{3}$

(図では，開口端補正を無視している)

❹共振・共鳴 物体は，固有振動数に等しい周期的な力を受けると，大きく振動する。この現象を**共振**，または**共鳴**という。

プロセス 次の各問に答えよ。

1 気温15℃における音速は何 m/s か。

2 振動数 2.0×10^2 Hz の音の波長は何mか。ただし，音速を 3.4×10^2 m/s とする。

3 振動数 4.4×10^2 Hz の音よりも，1オクターブ高い音の振動数は何 Hz か。

4 500 Hz の2個のおんさの一方に針金を巻き，同時に鳴らすと毎秒2回のうなりが生じた。針金を巻いたおんさの振動数を求めよ。なお，針金を巻くと振動数は減少する。

5 長さ 1.2 m の弦に，腹が3つの定常波ができている。波長はいくらか。

6 長さ 0.40 m の弦をはじくと，図のような定常波ができた。弦を伝わる横波の速さを 2.0×10^2 m/s として，定常波の振動数を求めよ。

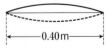

0.40 m

7 長さ 0.30 m の気柱がある。この気柱が閉管のときと開管のときとで，基本振動の波長はそれぞれいくらか。ただし，開口端補正を無視する。

解答
1 340.5 m/s　**2** 1.7 m　**3** 8.8×10^2 Hz　**4** 498 Hz　**5** 0.80 m　**6** 2.5×10^2 Hz
7 閉管：1.2 m，開管：0.60 m

解説動画

基本例題26　弦の振動　　　　　　　　　　　　　　　　　　　　　➡基本問題 210

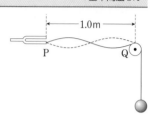

　　おんさに糸の一端をつけ，滑車にかけて他端におもり
をつるして，おんさを振動させたところ，PQ間に2個
の腹をもつ定常波ができた。このときのPQの長さを
1.0m，弦を伝わる波の速さを4.0×10^2m/sとして，次の
各問に答えよ。

(1)　おんさの振動数fを求めよ。

(2)　PQの長さを1.5mとしたとき，定常波の波長と腹の数をそれぞれ求めよ。

(3)　PQの長さを1.0mにもどし，おもりの質量を4倍にしたところ，腹が1つの定常
波ができた。波の速さを求めよ。

▎**指　針**　Pは振動源であるが，糸にできる定
常波の節とみなすことができる。

(1)　問題図から波長を読み取り，「$v = f\lambda$」の関
係から振動数を求める。

(2)　振動数fは変わらない。また，弦の張力，線
密度が不変であり，波の速さも変わらない。

(3)　問題文から波長が2.0mとなることがわか
り，「$v = f\lambda$」を用いて波の速さを求める。

▎**解　説**　(1)　問題図から，$\lambda = 1.0$mである。
「$v = f\lambda$」を用いて，

$$4.0 \times 10^2 = f \times 1.0 \qquad f = 4.0 \times 10^2 \text{Hz}$$

(2)　f，vともに
不変なので波長
λも変わらない。
　$\lambda = 1.0$m

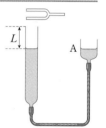

したがって，腹の数は**3個**となる。

(3)　波長は，$\lambda = 2.0$mである。「$v = f\lambda$」から，

$$v = (4.0 \times 10^2) \times 2.0 = 8.0 \times 10^2 \text{m/s}$$

（弦の張力が4倍になると速さは2倍になる）

▎*Point*　弦を伝わる波の速さの値は，弦の張力
と線密度に関係する。

基本例題27　気柱の共鳴　　　　　　　　　　　　　　　　　　　　➡基本問題 216

　　円筒容器の上端近くで，振動数500Hzのおんさを鳴らしなが
ら容器Aを下げて，円筒容器内の水面の位置を変えたところ，上
端から水面までの距離Lが，$L_1 = 16.4$cm，$L_2 = 50.2$cmのときに
共鳴がおこった。次の各問に答えよ。

(1)　次に共鳴がおこるときの，水面までの距離は何cmか。

(2)　音の速さは何m/sか。

(3)　開口端補正は何cmか。

▎**指　針**　(1)　開口端補
正を考慮すると，$L_2 - L_1$
が半波長の長さに相当す
る。次に共鳴がおこるの
は，水面までの距離が，
L_2から半波長だけ長く
なったときである。

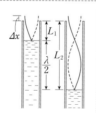

(2)　「$V = f\lambda$」を用いる。

(3)　開口端補正をΔxとすると，$4(L_1 + \Delta x) = \lambda$
である。

▎**解　説**　(1)　$\lambda/2 = L_2 - L_1 = 33.8$cmであり，
次の共鳴点L_3は，　$L_3 = 50.2 + 33.8 = \mathbf{84.0\,cm}$

(2)　$\lambda = 0.338 \times 2 = 0.676$mであり，音の速さは，
　$V = f\lambda = 500 \times 0.676 = \mathbf{338\,m/s}$

(3)　開口端補正Δx〔cm〕は，

$$\Delta x = \frac{\lambda}{4} - L_1 = \frac{1}{4} \times 67.6 - 16.4 = \mathbf{0.5\,cm}$$

▎*Point*　開口端は厳密には腹ではないので，
$\lambda = 4L_1$とするのは誤りである。

[知識]
204. 音の速さ ◉ 稲妻が光ってから，3.0 s 後に雷鳴が聞こえた。稲妻までの距離はいくらか。ただし，気温を14℃とし，光は瞬間的に伝わるものとする。

[知識]
205. 可聴音の波長 ◉ ヒトの可聴音は，20 Hz～$2.0×10^4$ Hz であるといわれている。音速を $3.4×10^2$ m/s として，ヒトが聞き取ることのできる音波の波長の範囲を求めよ。

[思考]
206. 音の要素 ◉ 右図は，ある音の波形をオシロスコープで表示したものである。横軸は時間，縦軸は圧力の変化を表す。次の(ア)～(ウ)にあてはまる音の波形を，下の①～④の中からそれぞれ選べ。ただし，該当する波形がない場合，「なし」と答えよ。

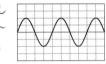

(ア) より高い音　　(イ) 同じ音色でより小さい音　　(ウ) 同じ高さで違う音色の音

① 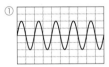　② 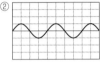　③ 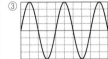　④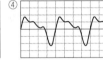

[知識]
207. 風と音速 ◉ 海上に静止している船が，前方にある崖に向かって汽笛を鳴らすと，3.4 s 後に反射音が聞こえた。船から崖に向かって，20 m/s の風が吹いていたものとする。音速を 340 m/s として，船から崖までの距離を求めよ。

💡**ヒント**　追い風では，風の速さだけ音速が速くなり，向かい風では，風の速さだけ音速が遅くなる。

[知識]
208. うなり ◉ おんさAを振動数 254 Hz のおんさと同時に鳴らすと，毎秒1回のうなりが生じ，振動数 258 Hz のおんさと同時に鳴らすと，毎秒3回のうなりが生じる。おんさAの振動数はいくらか。

[知識]
209. うなりの式 ◉ 次の文章の空欄に入る適切な式を答えよ。

振動数が f_1 のおんさと，わずかに振動数が違う f_2 のおんさを同時に鳴らすと，うなりが生じる。うなりの周期を T とすると，1周期の間に，f_1 のおんさから出る波の数は　ア　，f_2 のおんさから出る波の数は　イ　である。2つの波の山と山

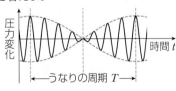

が重なって強めあっている状態から，$\dfrac{T}{2}$ だけ時間が経つと波の山と谷が重なりあい弱めあう。さらに $\dfrac{T}{2}$ だけ時間が経つと，再び山と山が重なって強めあう。すなわち，周期 T の間に，2つのおんさから出る波の数がちょうど1だけ異なり，これを式で表すと，　ウ　となる。1秒間あたりのうなりの回数を f とすると，f は T を用いて，$f=$　エ　となるので，f，f_1，f_2 の関係は，　オ　となる。

210. 弦の振動

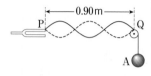

振動数 2.0×10^2 Hz のおんさの先端に，図のように糸を取りつけ，滑車を通しておもりAをつるした。PQの長さを 0.90m としておんさを振動させたところ，腹が3個の定常波が生じた。

(1) 定常波の波長と糸を伝わる横波の速さは，それぞれいくらか。

(2) 滑車を移動させ，PQの長さを 1.2m にすると，定常波の腹の数はいくらになるか。

(3) PQをもとの長さにもどし，Aを別のおもりBにすると，腹が2個の定常波ができた。このときの糸を伝わる横波の速さはいくらか。 ➡ 例題26

211. 弦に生じる定常波

発展

長さ 0.50m，質量 0.10g の弦が，大きさ 18N の張力となるように，おもりを用いて張られている。次の各問に答えよ。

(1) 弦の線密度は何 kg/m か。

(2) 弦を横波が伝わるとき，その速さは何 m/s か。

(3) 弦に基本振動の定常波が生じているとき，その振動数は何 Hz か。

💡ヒント (1) 線密度は，弦の長さ1mあたりの質量である。

(2) 線密度 ρ〔kg/m〕，張力 S〔N〕の弦を伝わる横波の速さ v は，$v=\sqrt{\dfrac{S}{\rho}}$ と表される。

212. メルデの実験

思考

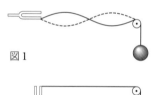

図1

図2

電磁おんさに弦を固定し，滑車を通しておもりをつるした。おんさを振動させたところ，図1のように腹が2つの定常波ができた。次に，おんさの先端と滑車までの距離を変えずに，図2のように，おんさを弦の方向と直角に変えて，同じ振動数で振動させても定常波ができた。このとき，定常波の腹の数はいくつになるか。

💡ヒント 図2における弦の振動数は，おんさの振動数の1/2になる。

213. 閉管

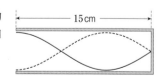

図のように，長さ 15cm の閉管に3倍振動の定常波ができている。音速を 3.4×10^2 m/s とし，開口端補正は無視できるものとして，次の各問に答えよ。

(1) 気柱に生じている定常波の波長はいくらか。

(2) 気柱から出ている音の振動数はいくらか。

214. 開管

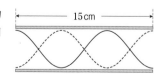

図のように，長さ 15cm の開管に3倍振動の定常波ができている。音速を 3.4×10^2 m/s とし，開口端補正は無視できるものとして，次の各問に答えよ。

(1) 気柱に生じている定常波の波長はいくらか。

(2) 気柱から出ている音の振動数はいくらか。

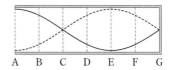

215. 【思考】**気柱の圧力と密度** ● 図は，閉管の気柱に共鳴がおこっているようすである。次の各部分は，図の点A～Gのうちのどこか。開口端補正は無視できるものとする。

(1) 最大の振幅で振動している部分。

(2) 圧力(密度)の変化が最大の部分。

(3) 圧力が変化しない部分(外の大気圧と等しい圧力を保つ部分)。

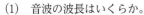

A　B　C　D　E　F　G

💡**ヒント** (2) 疎密が入れ替わる部分である。

216. 【思考】【実験】**気柱の共鳴** ● 気柱共鳴管の実験で，管口から水面を下げていったところ，管口から 9.5cm と 31.0cm のところで共鳴がおこった。音速を 344m/s として，次の各問に答えよ。

(1) 音波の波長はいくらか。

(2) スピーカーから出る音の振動数はいくらか。

(3) 開口端補正はいくらか。

(4) 管口から水面までの距離を 31.0cm に保ち，スピーカーから出る音の振動数を(2)の値から小さくしていった。次に共鳴する振動数はいくらか。　➡ 例題27

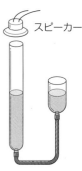

スピーカー

▶ **発展例題13　弦の振動** 【発展】　　　　　　　➡発展問題 219

　2種類の異なった材質でできた弦 S_1, S_2 を，図のようにつないで1本の弦をつくり，8.0Nの力で張る。S_1, S_2 の線密度は，それぞれ 2.0×10^{-4}kg/m, 3.2×10^{-5}kg/m である。次の各問に答えよ。

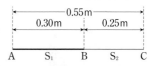

0.55m
0.30m　0.25m
A　　S₁　　B　S₂　C

(1) 外部からこの弦に振動を加えて，Bを節とする共振がおこる振動数の中で，最小の振動数は何 Hz か。

(2) (1)の共振において，定常波の腹は全体でいくつできるか。また，S_1 を伝わる波の波長はいくらか。

指針　S_1, S_2 の振動数 f および張力 S は等しい。弦を伝わる波の速さ v は，線密度を ρ として，「$v=\sqrt{S/\rho}$」となり，弦の長さを L として，固有振動数は，「$f=\dfrac{m}{2L}\sqrt{\dfrac{S}{\rho}}$」と表される。それぞれの弦における基本振動数を計算し，それらの最小公倍数を求める。

解説　(1) S_1, S_2 の基本振動数を f_1, f_2 とする。

$$f_1=\frac{1}{2\times0.30}\sqrt{\frac{8.0}{2.0\times10^{-4}}}=\frac{1000}{3}\,\text{Hz}$$

$$f_2=\frac{1}{2\times0.25}\sqrt{\frac{8.0}{3.2\times10^{-5}}}=1000\,\text{Hz}$$

Bを節とする最小の振動数 f は，f_1, f_2 の最小公倍数である。したがって，$f=1.0\times10^3\,\text{Hz}$

(2) $f=1.0\times10^3$Hz のとき，S_1 は3倍振動，S_2 は基本振動である。腹の数は，$3+1=$**4個**
また，定常波は図のように示され，S_1 を伝わる波の波長は **0.20m** となる。

λ
B
A　　　　　　C

第Ⅲ章 波動

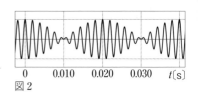

■ 発 展 問 題 ■

思考

▶ **217. うなり** ■ 振動数 f_1 の音波を出す音源 S_1 と，S_1 と同じ振幅で振動数 f_2 を 0 から増やすことのできる音源 S_2 がある。これらの音源から出る音波を，静止している観測者が 1 つのマイクで観測し，オシロスコープで観測した音波を表示する。図の横軸は時間である。

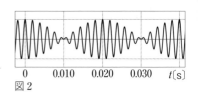
図 1

最初，両者の振動数の差が大きく，図 1 のような波形が観測された。次に，f_2 を大きくしていくと，図 2 のように波形が変化したあと，振幅が一定になってうなりが観測されなくなった。

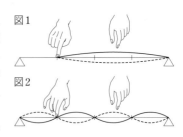
図 2

(1) f_1 と図 1 のときの f_2 の値を答えよ。

(2) 図 2 のときの f_2 の値を答えよ。

知識

218. 弦の振動 ■ ギターのある弦は，どこも押さえずにはじくと，振動数 $3.3 \times 10^2\,\mathrm{Hz}$ の音が出る。図 1 のように，この弦の長さの 3/4 の場所を強く押さえてはじくと，何 Hz の音が出るか。次に，図 2 のように，同じ場所を軽く押さえてはじくと，押さえた点が振動の節になる定常波が生じた。このとき，何 Hz の音が出るか。　　　　　　　(センター試験 改)

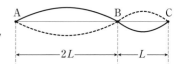
図 1
図 2

知識 発展

219. 弦の振動 ■ 線密度の異なる AB，BC の 2 本の弦をつないで振動させたところ，図のように，A，B，C が節となる定常波が生じた。ここで，AB の部分は長さ $2L$，線密度 ρ_1 の弦，BC の部分は長さ L，線密度 ρ_2 の弦である。弦の張力はいずれも S であるとして，次の各問に答えよ。

(1) AB の部分の波長 λ_1 と，BC の部分の波長 λ_2 は，それぞれいくらか。

(2) AB の部分を伝わる波の速さ v_1 と，BC の部分を伝わる波の速さ v_2 は，それぞれいくらか。

(3) AB の部分の振動数 f_1 はいくらか。

(4) 弦の線密度の比 $\dfrac{\rho_1}{\rho_2}$ はいくらか。　　➡ 例題13

🔍 ヒント

217 (1) 2 つの音波の振動数の差が大きく，図 1 の音波の波形は，短い周期の音波と，長い周期の音波を重ねあわせたものとなる。

218 弦を伝わる横波の速さは，弦を押さえても変化しない。弦を強く押さえると，その場所よりも左側に波は伝わらないが，軽く押さえると，左側に波は伝わり，その場所が節となる。

219 (4) AB の部分の振動数と BC の部分の振動数は等しい。

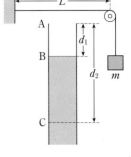

220. 弦の振動と気柱の共鳴 ■ 図のように，線密度 ρ の弦に，滑車を通して質量 m のおもりをつり下げる。弦の下には，水を入れた管を置く。弦の長さ L の部分に基本振動を生じさせ，水面の位置を管口 A から徐々に下げていくと，B の位置（AB$=d_1$）で最初の共鳴がおこり，C の位置（AC$=d_2$）で 2 回目の共鳴がおこった。重力加速度の大きさを g とする。

(1) 弦の基本振動の振動数を求めよ。

(2) 音波の波長を求めよ。

(3) この管における開口端補正を求めよ。

(4) 水面を C の位置にし，おもりの質量を m から徐々に減らしていくと，共鳴は止み，やがて再び共鳴した。このときのおもりの質量を求めよ。

【知識】

221. 気柱の共鳴 ■ 長さ L のパイプの右端にふたをして閉管とし，左側にスピーカーを設置した。スピーカーの振動数を 0 から徐々にあげると共鳴がおこり，さらに振動数をあげると 2 回目の共鳴がおこった。音速を V とし，開口端補正は無視できるものとする。

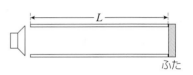

(1) 2 回目の共鳴がおこったときの，音波の波長，振動数，周期をそれぞれ求めよ。

(2) (1)の状態からふたを外し，さらに振動数をあげていった。次に共鳴がおこるときの振動数を求めよ。 (23. 東京薬科大 改)

【思考】【記述】

222. 気柱の共鳴 ■ 細長いガラス管 G の中に，ピストン P が取りつけられている。図のように，管口 i に近いところで，おんさ F によって音波を発生させた状態で，ピス

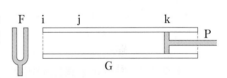

トン P を管口 i から遠ざけた。ピストン P が最初に j の位置にきたとき，次に k の位置にきたとき，音が急に大きくなった。管口 i から j までの距離は 33.5 cm，管口 i から k までの距離は 101.5 cm であった。空気中の音速を $V=340$ m/s とする。

(1) おんさ F から発せられる音波の波長 λ，および振動数 f はそれぞれいくらか。

次に，ピストン P が k の位置にあるとき，以下の各問に答えよ。

(2) ガラス管の内と外に定常波の腹が存在する。管口 i から各腹までの距離はいくらか。

(3) ガラス管内で，空気の密度変化が最大の場所，密度変化がない場所が存在する。それぞれ波のどの部分か，理由を示して答えよ。 (島根大 改)

💡**ヒント**

220 (4) おもりの質量が小さくなると，弦の基本振動の振動数は小さくなる。

221 (2) 開管では，両端を腹とする定常波が生じる。

222 管口付近は腹となり，腹の位置は管口よりも少し外側にある。

考察問題

223. 思考 **波の反射** ▶ 幅および水深が一定の
直線状の水路に, 水面波が入射している。
図1のように, 水路に沿って x 軸をとる
と, 水面波は, x 軸の正の向きに振幅
0.10 m の正弦波として進行している。
水路内で x 方向に 3.0 m だけはなれた2
点A, Bで, 水面の変位の時間変化を同
時に観測したところ, 図2のような結果
が得られた。AB間の距離は, 波の波長
よりも小さいとして, 次の各問に答えよ。

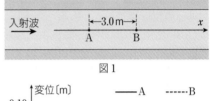

図1

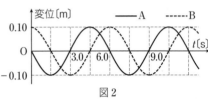

図2

(1) 波の周期, および波長はそれぞれいくらか。

(2) 観測者が, 波の進む向きに, 波が進む速さの 1/2 の速さで移動しながら水面の変化
を観測する。このとき, 観測される波の周期はいくらか。

(3) 点Bに水路と直角に壁を設置したところ, 入射波は壁で自由端反射をして, 入射側
の水路内に定常波が形成された。点Aで観測される波の振幅はいくらか。

(10. 東京海洋大 改)

224. 思考 実験 **弦の振動の実験** ▶ 太郎と花子は, 弦を伝
わる波の速さが, 弦の線密度(長さ1mあたり
の質量) ρ と張力 T に関係することを知り, 実
験を行った。振動数が一定の振動源にたこ糸を
つけ, 滑車を通しておもりを1つつるし, 弦の

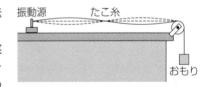

振動を観察する。最初に, 振動源の位置を調節して, 腹が2つの定常波をつくった。振
動源の振幅は小さく, 節になる。この後, それぞれ次の実験を行った。

太郎の実験:たこ糸をそのままにして, おもりを1つずつ増やしていくと, 4つのとき
に腹が1つの定常波になった。

花子の実験:①おもりをそのままにして, たこ糸を1本ずつよりあわせて本数を増やし
ていくと, 4本のときに腹が4つの定常波になった。②その後, たこ糸を4本にした
ままでおもりの数を4つに増やすと, 腹が2つの定常波になった。

(1) 太郎と花子の①の各実験では, 弦における何の物理量を変えていたか。

(2) 太郎と花子の①の各実験では, 弦を伝わる波の速さはもとの何倍か。

(3) 線密度 ρ の単位 kg/m と張力 T の単位 N, および(2)の結果から, 弦を伝わる波の
速さは, ρ と T のどのような関数に比例すると考えられるか。

💡 ヒント

223 (2) 観測者から見た波の相対的な速さは, 1/2 になる。
224 (3) 線密度 ρ の単位 kg/m と張力 T の単位 N=kg·m/s² から, kg を消去する。

思考 実験

225. クントの実験 ▶ 図のように，円柱状のガラス管内に，乾燥したコルクの粉末を均等にばらまき，ガラス管の両端を円板のついた金属棒で閉じる。長さ L〔m〕の金属棒 AB の中央部Mを万力で固定し，木綿の布で MA の部分を棒の長さの方向にこすると，棒が振動して「キーン」という高い音が聞こえる。このとき，棒の端Bの円板からガラス管内の空気に振動が伝わっている。この状態でピストンCを静かに移動させ，BC 間の長さを調節すると，管内のコルクの粉末が振動して，r〔m〕ごとに同じ模様を繰り返した。空気中の音速を V〔m/s〕として，次の各問に答えよ。

(1) コルクの粉末は，定常波の腹の部分で大きく振動し，節の部分ではほとんど振動しない。ガラス管内の気柱を伝わる縦波の波長，振動数を求めよ。

(2) 棒は中央部Mが固定された状態で，棒の長さの方向に基本振動をしている。中央部Mと棒の両端は，それぞれ腹，節のどちらになっているか。

(3) 棒を伝わる縦波の波長と速さを求めよ。

思考 実験

226. 気柱の共鳴 ▶ 図1のように，空気中で長いガラス管を鉛直に固定し，ゴム管と水だめをつなぐ。管口付近でおんさPを鳴らし，水だめの高さを調節して，ガラス管内の水面をゆっくり下げていくと，はじめにガラス管の口から距離 L_1 のところで(図2 (a))，次に距離 L_2 のところで共鳴がおこり(図2 (b))，大きな音が出た。

表は，条件1〜3の組みあわせで，図1の実験を行った結果である。おんさPは金属でつくられているが，材質の温度によって振動数は変化しないものとする。

最初に条件1のもとで実験を行った。

(1) 気柱内の定常波の波長を求めよ。

(2) 空気中の音速を340m/sとして，おんさPの振動数を求めよ。

	気温	ガラス管の口の半径	L_1〔cm〕	L_2〔cm〕
条件1	T_1	R_1	16.0	50.0
条件2	T_2	R_1	16.5	51.5
条件3	T_1	$R_2(>R_1)$	15.5	49.5

(3) さらに水面を下げ，3回目の共鳴がおこるとき，管口から水面までの距離を求めよ。

(4) 気温が異なる条件2のもとで，実験を行った。気温 T_1 と T_2 は，どちらが高いか。

(5) 条件3のもとで実験を行った。条件1のときと比べて，開口端補正はどれだけ変化したか。

(10. 大阪工業大 改)

ヒント

225 (2) 棒の中央部Mは固定されて動けないが，両端 A，B は自由に動けるようになっている。

226 (3) 3回目の共鳴点は，2回目の共鳴点から，さらに半波長だけ水面が下がった場所である。
　　(4) 気温が変化すると，音速が変化する。

第Ⅲ章 波動

9 静電気と電流

第Ⅳ章　電気

■1 静電気

❶電荷と帯電

(a) **帯電**　物体が電気を帯びること。帯電している物体を**帯電体**という。

(b) **静電気力と電荷**　帯電した物体間にはたらく力を**静電気力**という。また，静電気力の原因となるものを電荷という。電荷の量を**電気量**といい，単位は**クーロン**(記号C)。

同種の電荷間…斥力(反発力)がはたらく。　異種の電荷間…引力がはたらく。

❷原子の構造と帯電のしくみ

(a) **原子の構造**　中心の原子核とそれをとりまく負電荷をもつ電子で構成される。

原子核…正電荷をもつ**陽子**と電荷をもたない**中性子**からなる。

電子……負電荷をもつ粒子。電気量 $-e = -1.6 \times 10^{-19}$ C

陽子と電子の電気量の大きさ e は等しく，これを**電気素量**という。

(b) **帯電のしくみ**　帯電は，一方の物体から他方の物体に電子が移動することでおこる。電子が移動する向きは，こすりあわせる物質の組みあわせで決まる。

❸電気量保存の法則　 物理 　物体間で電荷のやりとりがあっても，電気量の総和は変わらない。これを電気量保存の法則(電荷保存の法則)という。

■2 電流と抵抗

❶電荷と電流　電流は電荷の流れである。その大きさの単位は**アンペア**(記号A)。導線の任意の断面を t〔s〕間に大きさ q〔C〕の電気量が通過するとき，電流の大きさ I〔A〕は，

$$I = \frac{q}{t} \quad \left(電流〔A〕 = \frac{電気量の大きさ〔C〕}{時間〔s〕}\right) \quad \cdots ①$$

または $q = It$

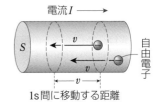

電流 I ⟶

S

v

v

v

1s間に移動する距離

自由電子

❷電流と電子の速さ　導線の断面積を S〔m³〕，自由電子の平均の速さを v〔m/s〕，導線 1 m³ あたりの自由電子の数を n〔個/m³〕，電子の電荷を $-e$〔C〕とすると，電流の大きさ I〔A〕は，

$$I = envS \quad \cdots ②$$

❸電圧(電位差)　電流を流そうとするはたらきの大きさ。単位は**ボルト**(記号 V)。電池のような電源は，回路に電流を流すための電圧をつくり出す装置である。

正極　負極

+　−

直流電流…一定の向きに流れる電流。

直流電圧…直流電流を流そうとする電圧。

❹オームの法則　導体を流れる電流 I〔A〕は，その両端の電圧 V〔V〕に比例する。

$$I = \frac{V}{R} \quad \left(電流〔A〕 = \frac{電圧〔V〕}{抵抗〔Ω〕}\right) \quad または V = RI \quad \cdots ③$$

R を**電気抵抗**，または**抵抗**といい，単位は**オーム**(記号Ω)。

●**電圧降下** 抵抗 $R〔Ω〕$ の導体に電流 $I〔A〕$ が流れると，その両端に $V=RI〔V〕$ の電圧が生じる。これを抵抗による電圧降下という。

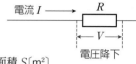
電流 I　　　　R

$\leftarrow V \rightarrow$

電圧降下

❺**抵抗率** 物質の抵抗 $R〔Ω〕$ は，その長さ $L〔m〕$ に比例し，断面積 $S〔m^2〕$ に反比例する。

$$R=\rho\frac{L}{S}\quad(\rho〔Ω\cdot m〕：抵抗率)\quad\cdots④$$

❻**抵抗率の温度変化** 物理 導体の抵抗率は，その温度が高くなるほど大きくなる。温度 $t〔℃〕$ での抵抗率 $\rho〔Ω\cdot m〕$ は，温度が $0℃$ のときの抵抗率を $\rho_0〔Ω\cdot m〕$ として，$\quad\rho=\rho_0(1+\alpha t)\quad(\alpha〔1/K〕：抵抗率の温度係数)\quad\cdots⑤$

❼**導体・不導体・半導体**

(a) **導体** 金属のように電流をよく流す物質。抵抗率が小さい。

(b) **不導体** ゴムのように電流をほとんど流さない物質。抵抗率が非常に大きい。

(c) **半導体** ケイ素やゲルマニウムのように，導体と不導体の中間の抵抗率を示す物質。

❽**抵抗の接続**

(a) **直列接続** 各抵抗に流れる電流は等しい。各抵抗に加わる電圧の和は全体に加わる電圧に等しい。

$V=V_1+V_2+\cdots+V_n$ $\qquad\cdots⑥$

$RI=R_1I+R_2I+\cdots+R_nI$ $\qquad\cdots⑦$

合成抵抗 $R=R_1+R_2+\cdots+R_n$ $\qquad\cdots⑧$

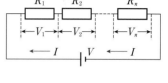

(b) **並列接続** 各抵抗に加わる電圧は等しい。各抵抗に流れる電流の和は全体に流れる電流に等しい。

$I=I_1+I_2+\cdots+I_n$ $\qquad\cdots⑨$

$\dfrac{V}{R}=\dfrac{V}{R_1}+\dfrac{V}{R_2}+\cdots+\dfrac{V}{R_n}$ $\qquad\cdots⑩$

合成抵抗 $\dfrac{1}{R}=\dfrac{1}{R_1}+\dfrac{1}{R_2}+\cdots+\dfrac{1}{R_n}$ $\quad\cdots⑪$

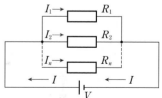

❾**電流計と電圧計** 電流計，電圧計は，それぞれの内部に抵抗(内部抵抗)をもつ。

(a) **電流計** 測定部分に直列に接続。内部抵抗は非常に小さい。

(b) **電圧計** 測定部分に並列に接続。内部抵抗は非常に大きい。

３ 電気エネルギー

❶**電流と熱** 抵抗 $R〔Ω〕$ に電圧 $V〔V〕$ を加え，電流 $I〔A〕$ を $t〔s〕$ 間流したとき，抵抗で発生する熱量 $Q〔J〕$ は，

$$Q=VIt=RI^2t=\frac{V^2}{R}t\quad\cdots⑫$$

（この関係を**ジュールの法則**といい，このとき発生する熱を**ジュール熱**という。）

❷**電力量と電力**

(a) **電力量** 電源や電流がある時間内にする仕事の量。抵抗で発生するジュール熱は，電流がした仕事に等しい。電力量 $W〔J〕$ は，$\quad W=VIt=RI^2t=\dfrac{V^2}{R}t\quad\cdots⑬$

(b) **電力** 電源や電流が単位時間にする仕事(仕事率)。単位は仕事率と同じ**ワット**(記号W)。電力 P〔W〕は,

$$P = \frac{W}{t} = VI = RI^2 = \frac{V^2}{R} \quad \cdots ⑭$$

●**電力量の単位** ジュール以外に,1Wの仕事率で1時間にする仕事の量を単位とした **1ワット時**(記号 Wh),その1000倍の **1キロワット時**(記号 kWh)などがある。

>> **プロセス** >> 次の各問に答えよ。

1 塩化ビニル管と毛皮をこすりあわせると,塩化ビニル管は負に,毛皮は正に帯電した。このとき,電子は何から何へ移動したか。

2 ある抵抗に電池をつないだところ,0.10Aの電流が流れた。図中の点Aと点Bには,それぞれ何Aの電流が流れるか。

3 1.5Aの電流が10s間流れたとき,導線のある断面を通過した電気量は何Cか。

4 1.6Aの電流が1.0s間に運ぶ自由電子の数は何個か。電気素量を $1.6×10^{-19}$ C とする。

5 10Ωの抵抗に5.0Vの電圧を加えると,何Aの電流が流れるか。

6 10Ωの抵抗に0.50Aの電流が流れているとき,抵抗による電圧降下は何Vか。

7 5.0Vの電圧で,0.25Aの電流が流れるニクロム線の抵抗は何Ωか。また,このニクロム線に0.50Aの電流を流すには,何Vの電圧を加えればよいか。

8 図のような円柱形をした導体がある。この導体の長さを半分にすると,抵抗は何倍になるか。

9 次の物質を,常温において抵抗率の小さい順(電気を通しやすい順)に並べよ。
　　ケイ素　　ガラス　　銅

10 3.0Ωの抵抗が2つある。この2つの抵抗を直列につないだときと,並列につないだときの合成抵抗は,それぞれいくらか。

11 2.0Ωと3.0Ωの抵抗を直列に接続し,それらの両端に10Vの電圧を加えた。2つの抵抗を流れる電流は,それぞれいくらか。

12 抵抗に電圧1.5Vを加えて,電流0.20Aを10分間流した。このとき発生するジュール熱は何Jか。

13 抵抗に12Vの電圧を加えると,5.0Aの電流が流れた。抵抗の消費電力は何Wか。

14 30Ωの抵抗に60Vの電圧を加えた。抵抗の消費電力は何Wか。

解答 >> ···

1 毛皮から塩化ビニル管へ移動した　**2** A:0.10A, B:0.10A　**3** 15C　**4** $1.0×10^{19}$ 個
5 0.50A　**6** 5.0V　**7** 20Ω, 10V　**8** $\frac{1}{2}$ 倍　**9** 銅, ケイ素, ガラス
10 直列:6.0Ω, 並列:1.5Ω　**11** 2.0Ω:2.0A, 3.0Ω:2.0A　**12** $1.8×10^2$ J　**13** 60W
14 $1.2×10^2$ W

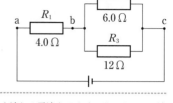

基本例題28　抵抗の接続

⇒基本問題 232, 233, 234

　図のような電気回路について，次の各問に答えよ。

(1)　ac 間の合成抵抗はいくらか。

R_2 の抵抗には 0.80 A の電流が流れている。このとき，以下の各問に答えよ。

(2)　bc 間の電圧はいくらか。

(3)　ac 間の電圧はいくらか。

指針　(1) 並列に接続された R_2, R_3 の合成抵抗を求め，その合成抵抗と直列に接続された R_1 との合成抵抗を求める。

(2) R_2, R_3 は並列に接続されており，等しい電圧が加わるので，R_2 に加わる電圧を求める。

(3) ab 間，bc 間のそれぞれに加わる電圧の和が，ac 間の電圧である。

解説　(1) 並列に接続された R_2, R_3 の合成抵抗を R' とすると，

$$\frac{1}{R'}=\frac{1}{R_2}+\frac{1}{R_3}=\frac{1}{6.0}+\frac{1}{12} \qquad R'=4.0\,\Omega$$

ac 間の合成抵抗を R とすると，

$$R=R_1+R'=4.0+4.0=\mathbf{8.0\,\Omega}$$

(2) 求める電圧を V_{bc}，R_2 を流れる電流を I_2 とすると，オームの法則「$V=RI$」から，

$$V_{bc}=R_2I_2=6.0\times0.80=\mathbf{4.8\,V}$$

(3) R_3 を流れる電流を I_3 とすると，オームの法則から，　$I_3=\dfrac{V_{bc}}{R_3}=\dfrac{4.8}{12}=0.40\,A$

R_1 を流れる電流 I_1 は，R_2, R_3 を流れる電流の和 I_2+I_3 に等しい。　$I_1=0.80+0.40=1.20\,A$

ac 間の電圧 V_{ac} は，ab 間の電圧 V_{ab}, bc 間の電圧 V_{bc} の和に等しい。

$$V_{ab}=R_1I_1=4.0\times1.20=4.8\,V$$
$$V_{ac}=V_{ab}+V_{bc}=4.8+4.8=\mathbf{9.6\,V}$$

Point　電気回路の問題では，直列接続，並列接続の特徴を把握することが重要である。

直列接続…各抵抗を流れる電流は等しい。
　　　（各抵抗の電圧の和）＝（全体の電圧）
並列接続…各抵抗に加わる電圧は等しい。
　　　（各抵抗の電流の和）＝（全体の電流）

基本例題29　抵抗の接続と消費電力

⇒基本問題 238, 240, 241

　図のように，4.0 Ω と 8.0 Ω の抵抗を直列につなぎ，6.0 V の直流電源に接続した。次の各問に答えよ。

(1)　各抵抗を流れる電流は，それぞれいくらか。

(2)　各抵抗で消費される電力は，それぞれいくらか。

(3)　電流を30秒間流したとき，各抵抗で消費される電力量はそれぞれ何 J か。

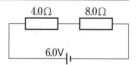

指針　(1) 直列接続なので，各抵抗に流れる電流は等しい。合成抵抗を求め，オームの法則を用いて電流を求める。

(2) (1)で求めた電流を用いて，「$P=RI^2$」から消費電力 P を求める。

解説　(1) 2つの抵抗は直列に接続されているので，合成抵抗は，　$R=4.0+8.0=12.0\,\Omega$ したがって，流れる電流を I〔A〕とすると，オームの法則から，　$I=\dfrac{V}{R}=\dfrac{6.0}{12.0}=0.50\,A$

2つの抵抗に流れる電流は等しく，**0.50 A** である。

(2) 4.0 Ω と 8.0 Ω の抵抗で消費される電力をそれぞれ P_1〔W〕，P_2〔W〕とすると，「$P=RI^2$」から，

$$P_1=4.0\times0.50^2=\mathbf{1.0\,W}$$
$$P_2=8.0\times0.50^2=\mathbf{2.0\,W}$$

(3) 4.0 Ω と 8.0 Ω の抵抗で消費される電力量をそれぞれ W_1〔J〕，W_2〔J〕とすると，「$W=Pt$」から，

$$W_1=1.0\times30=\mathbf{30\,J} \qquad W_2=2.0\times30=\mathbf{60\,J}$$

Point　消費電力を表す式は，

$$P=VI=RI^2=\frac{V^2}{R}$$

の3通りで表されるので，与えられた物理量から，用いる式を判断する。

基|本|問|題

知識

227. 電気量の保存 質量と大きさの等しい2つの導体球A，Bが，それぞれ $4.4×10^{-5}$ C，$-2.0×10^{-5}$ C に帯電している。AとBを接触させて，しばらくすると，両球の電気量が等しくなり，このとき2つの球をはなした。電気素量を $1.6×10^{-19}$ C として，次の各問に答えよ。

(1) A，Bの電気量の和はいくらか。

(2) 接触させてはなしたあとの，A，Bの電気量はそれぞれいくらか。

(3) 電子は，どちらからどちらへ何個移動したか。

知識

228. 電流と電子の速さ 断面積 $1.0×10^{-6}$ m² のアルミニウムの導線に，4.8Aの電流が流れている。アルミニウム1m³ あたりの自由電子の数を $6.0×10^{28}$ 個，電子の電荷を $-1.6×10^{-19}$ C として，次の各問に答えよ。

(1) 導線の断面を1s間に通過する電子の数はいくらか。

(2) 電子が移動する平均の速さはいくらか。

ヒント (1) ある断面を1s間に通過する電気量が，電流の大きさである。

思考

229. オームの法則 図は，ニクロム線AとBについて，加える電圧 V〔V〕と流れる電流 I〔A〕との関係を調べたグラフである。次の各問に答えよ。

(1) A，Bの抵抗は，それぞれいくらか。

(2) Aに20Vの電圧を加えたとき，流れる電流は何Aか。

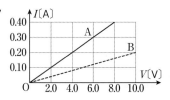

知識

230. 抵抗率 長さ1.0m，断面積 $5.0×10^{-7}$ m² の円柱状の導体に，12Vの電圧を加えると，2.0Aの電流が流れた。次の各問に答えよ。

(1) 導体の抵抗はいくらか。

(2) 導体の抵抗率はいくらか。

(3) この導体と同じ材質を用いて，長さ0.50m，断面積 $1.0×10^{-6}$ m² の導線をつくった。この導線の抵抗はいくらか。

ヒント 抵抗率 ρ の材質でできた，長さ L〔m〕，断面積 S〔m²〕の抵抗 R〔Ω〕は，$R=\rho\dfrac{L}{S}$ である。

知識 **物理**

231. 抵抗率の温度係数 温度0℃における銅の抵抗率は $1.6×10^{-8}$ Ω·m であり，銅の抵抗率の温度係数は $4.4×10^{-3}$/K である。次の各問に答えよ。

(1) 温度50℃における銅の抵抗率はいくらか。

(2) 温度50℃において，断面積 0.50mm²，長さ20mの銅の抵抗はいくらか。

ヒント 抵抗の抵抗率 ρ は，$\rho=\rho_0(1+\alpha t)$ の式で表される。

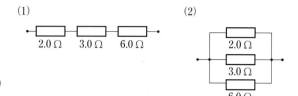

232. 合成抵抗 [知識]

次の(1)，(2)のように3つの抵抗を接続したとき，合成抵抗はそれぞれいくらか。 ➡ 例題28

(1)
2.0 Ω　3.0 Ω　6.0 Ω

(2)
2.0 Ω
3.0 Ω
6.0 Ω

233. 抵抗の接続と電流・電圧 [知識]

2.0 Ω，3.0 Ω の抵抗 R_1，R_2 がある。これらの抵抗を直列，並列にそれぞれ接続したときについて，次の各問に答えよ。

(1) R_1，R_2 を直列に接続し，全体に 6.0 V の電圧を加えた。R_1，R_2 に加わる電圧はそれぞれいくらか。

(2) R_1，R_2 を並列に接続し，全体に 0.60 A の電流を流した。R_1，R_2 を流れる電流はそれぞれいくらか。

💡 ヒント (1)では各抵抗を流れる電流は等しく，
(2)では各抵抗に加わる電圧は等しい。 ➡ 例題28

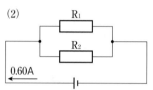

(1)
R_1　R_2
6.0V

(2)
R_1
R_2
0.60A

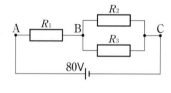

234. 抵抗の接続 [知識]

図の抵抗は，それぞれ $R_1 = 28\,\Omega$，$R_2 = 20\,\Omega$，$R_3 = 30\,\Omega$ である。

(1) BC 間の合成抵抗はいくらか。

(2) AC 間の合成抵抗はいくらか。

(3) AC 間に $V = 80\,\text{V}$ の電圧を加えた。このとき，各抵抗を流れる電流はそれぞれいくらか。 ➡ 例題28

💡 ヒント (3) (2)の結果を用いて AC 間を流れる電流を求め，AB 間，BC 間の電圧を求める。

A　R_1　B　R_2　C
R_3
80V

235. 抵抗率と抵抗値 [知識]

同じ材質でつくられた2本の棒状の抵抗 P，Q がある。P は Q の3倍の長さで，断面積は 1/4 である。図のように，P と Q をつないで，1.2 V の電圧を加えたところ，点 A を流れる電流が 0.20 A であった。P，Q の抵抗値はそれぞれいくらか。

💡 ヒント 抵抗の長さが n 倍であれば抵抗値は n 倍，断面積が m 倍であれば，抵抗値は m 分の1である。

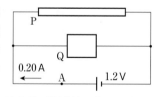

P
Q
0.20 A
A　1.2 V

236. 回路の接続 [思考] [実験]

図1のような回路を組み立て，豆電球に加わる電圧と流れる電流を測定したい。各機器の端子間をつなぐ導線を図2に示せ。なお，電流計，電圧計のマイナス端子は本来3つあるが，簡潔にするため，1つとしている。

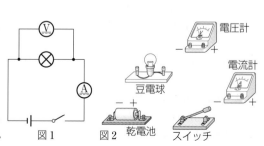

図1　図2　電圧計　電流計　豆電球　乾電池　スイッチ

思考

237.　回路の見方 電池Pと3つの抵抗 R_1, R_2, R_3 を接続する。図1と同じ回路は，次の①〜③のどれか。同じものをすべて答えよ。

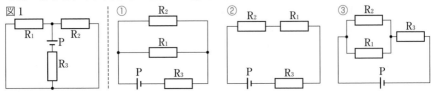

ヒント 電流の流れ方を調べて，並列接続や直列接続の部分を見つける。

知識

238.　電熱器の消費電力 電熱器に100Vの電圧を加えると，1.5Aの電流が流れた。次の各問に答えよ。

(1) 電熱器で消費される電力は何Wか。

(2) 電圧を10分間加え続けたとき，電熱器で消費される電力量は何Jか。また，それは何kWhか。　→ 例題29

ヒント (2) 1Whは，1Wの電力で1時間にする仕事であり，1Wh＝1W×3600s＝3600Jの関係がある。また，1kWhは1Whの1000倍である。

思考

239.　ジュール熱 長さ2.0mのニクロム線に，ある電圧を加えたところジュール熱が発生した。このニクロム線を切断して長さ1.0mとし，同じ電圧を加えたとき，流れる電流と，一定時間に生じるジュール熱は，それぞれ何倍になるか。

知識

240.　抵抗の消費電力 10Ωの抵抗 R_1, 30Ωの抵抗 R_2 がある。次のように接続した場合，抵抗 R_1, R_2 で消費される電力 P_1, P_2, および P_1 と P_2 との比はそれぞれいくらか。

(1) R_1, R_2 を並列に接続し，2.0Vの電圧を加えた場合。

(2) R_1, R_2 を直列に接続し，2.0Vの電圧を加えた場合。

(1)

(2)

ヒント (2) 直列に接続された抵抗には，抵抗値に比例した電圧が加わる。　→ 例題29

知識

241.　抵抗の消費電力 抵抗 R_1, R_2, R_3 は，それぞれ抵抗値10Ω，20Ω，30Ωである。図のように，5.0Aの電流が流れたとき，R_1, R_2, R_3 で消費される電力 P_1, P_2, P_3 をそれぞれ求めよ。　→ 例題29

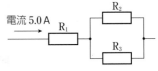

電流5.0A

ヒント 並列に接続された各抵抗に流れる電流の比は，抵抗値の逆数の比に等しい。

知識

242.　ジュール熱 容器に入れた10℃の水1.5kgがある。その中にニクロム線を入れて，100Vで10Aの電流を流したところ，10分後に沸騰を始めた。ニクロム線に発生した熱の何%が水に与えられたか。ただし，水の比熱を 4.2J/(g·K) とする。

発展例題14　抵抗の接続と電流

➡発展問題 247

図のように，抵抗値 R〔Ω〕の３つの抵抗を接続すると，電池の電圧 V〔V〕と点Aを流れる電流 I_A〔A〕との関係は，実線のグラフのようになった。次の各問に答えよ。

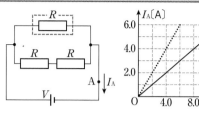

(1)　抵抗値 R〔Ω〕を求めよ。

(2)　図の破線で囲んだ抵抗を抵抗値 R'〔Ω〕のものに置き換えると，電池の電圧 V〔V〕と電流 I_A〔A〕との関係は，点線のグラフのようになった。R'〔Ω〕を求めよ。

指針　グラフの縦軸 I_A は，点Aを流れる電流であり，３つの抵抗の合成抵抗を流れる電流に等しい。グラフから I_A，V の値を読み取り，オームの法則を用いて合成抵抗の値を求める。

解説　(1)　直列に接続された２つの抵抗の合成抵抗は $2R$ となる。全体の合成抵抗 R_1 は，

$$\frac{1}{R_1} = \frac{1}{2R} + \frac{1}{R} \qquad R_1 = \frac{2}{3}R \quad \cdots ①$$

実線のグラフは，$V = 12.0\,\text{V}$，$I_A = 6.0\,\text{A}$ を通るので，オームの法則「$V = RI$」から，

$$R_1 = \frac{V}{I_A} = \frac{12.0}{6.0} = 2.0\,\Omega$$

式①から，$\dfrac{2}{3}R = 2.0$　　$R = \mathbf{3.0\,\Omega}$

(2)　直列に接続された２つの抵抗の合成抵抗は $6.0\,\Omega$ である。これと R' が並列に接続されているので，それらの合成抵抗を R_2〔Ω〕とすると，

$$\frac{1}{R_2} = \frac{1}{6.0} + \frac{1}{R'} = \frac{R' + 6.0}{6.0R'}$$

$$R_2 = \frac{6.0R'}{R' + 6.0} \quad \cdots ②$$

点線のグラフは，$V = 6.0\,\text{V}$，$I_A = 6.0\,\text{A}$ を通るので，オームの法則「$V = RI$」から，

$$R_2 = \frac{V}{I_A} = \frac{6.0}{6.0} = 1.0\,\Omega$$

式②から，$\dfrac{6.0R'}{R' + 6.0} = 1.0$　　$6.0R' = R' + 6.0$

$R' = \mathbf{1.2\,\Omega}$

発展例題15　電流による発熱

➡発展問題 246

銅の容器と銅のかき混ぜ棒の質量の合計が $1.5 \times 10^2\,\text{g}$ の熱量計に，$1.5 \times 10^2\,\text{g}$ の水が入っている。この中にニクロム線を入れ，全体の温度が $20.0\,℃$ と一様になったとき，$6.0\,\text{V}$ の電圧で $1.0\,\text{A}$ の電流を10分間流した。熱量計と水の温度は何℃になるか。ただし，銅の比熱を $0.39\,\text{J}/(\text{g·K})$，水の比熱を $4.2\,\text{J}/(\text{g·K})$ とする。また，熱量計と外部との間に熱の出入りはなく，ニクロム線と温度計の熱容量は無視できるとする。

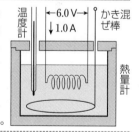

指針　熱量計と水の得た熱量は，ニクロム線で発生するジュール熱 Q〔J〕に等しい。ジュールの法則「$Q = VIt$」の式から，ジュール熱を計算する。また，熱量計と水の熱容量を C〔J/K〕，温度上昇を ΔT〔K〕とすると，「$Q = C\Delta T$」の関係があり，これから，温度上昇を求める。

解説　ニクロム線で発生するジュール熱 Q〔J〕は，　$Q = 6.0 \times 1.0 \times (10 \times 60) = 3.6 \times 10^3\,\text{J}$

熱量計と水をあわせた熱容量 C〔J/K〕は，

$$C = (1.5 \times 10^2) \times 0.39 + (1.5 \times 10^2) \times 4.2$$
$$= 0.58 \times 10^2 + 6.3 \times 10^2 = 6.88 \times 10^2\,\text{J/K}$$

水の温度上昇 ΔT〔K〕は，「$Q = C\Delta T$」から，

$$\Delta T = \frac{Q}{C} = \frac{3.6 \times 10^3}{6.88 \times 10^2} = 5.23\,\text{K}$$

熱量計と水の温度上昇は $5.23\,℃$ であり，両者の温度は，　$20.0 + 5.23 = 25.23\,℃$

したがって，$\mathbf{25.2\,℃}$ となる。

━━━━━━━━━━━━ 発展問題 ━━━━━━━━━━━━

思考
▶ **243.抵抗を流れる電流** 図の回路について，次の各場合に，抵抗 R_1，R_2，R_3 に流れる電流の大きさは，それぞれいくらか。

(1) スイッチSが開いているとき。

(2) スイッチSが閉じているとき。

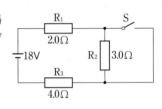

思考
▶ **244.抵抗線の断面積と長さ** 同じ材質からなる円柱状の抵抗線 A，B，C がある。それぞれの両端に加える電圧を変化させ，電流を測定したところ，図のグラフが得られた。有効数字を2桁として，次の各問に答えよ。

(1) A～Cの抵抗はそれぞれいくらか。

(2) AとCの長さは等しいが，断面の半径が異なる。Aの半径はCの半径の何倍か。

(3) BとCの断面積は等しいが，長さが異なる。Cの長さはBの長さの何倍か。 (20. 東京学芸大 改)

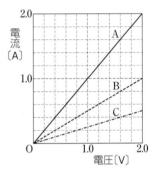

知識
245.消費電力の最大値 図のように，抵抗値 r〔Ω〕の抵抗と可変抵抗を直列に接続し，E〔V〕の直流電源に接続する。可変抵抗における消費電力 P〔W〕が最大となるように，可変抵抗の値を調節する。このときの可変抵抗の抵抗値 R〔Ω〕を求めよ。また，そのときの可変抵抗における消費電力を求めよ。 (10. 富山県立大 改)

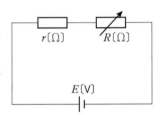

知識
246.電流による発熱 銅の容器と銅のかき混ぜ棒全体の質量が 1.5×10^2 g の熱量計に，水 2.0×10^2 g が入っている。この中にニクロム線を入れ，6.0Vの電圧で1.2Aの電流を10分間流したところ，熱量計と水の温度が4.8℃上昇した。銅の比熱はいくらか。ただし，水の比熱を 4.2J/(g·K) とし，熱量計と外部との間に熱の出入りはなく，温度計とニクロム線の熱容量は無視できるものとする。 ➡ 例題15

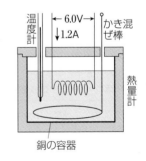

・ヒント ┄┄
243 (2) 導線と抵抗が並列に接続されているとき，導線の抵抗は0なので，電流はすべて導線に流れる。
244 物質の抵抗は，その長さに比例し，断面積に反比例する。
245 PはRを含む分数の式で表される。Rが分母にだけ含まれるように変形する。
246 熱量計と水の得た熱量は，ニクロム線で発生するジュール熱に等しい。

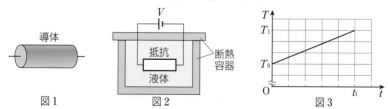

思考

▶**247. 抵抗の接続** 図1のように，同じ抵抗値の2つ
の抵抗を接続した。また，図1の装置を2つ用意し，
図2のように接続した。図2の各抵抗をそれぞれ抵抗
A，B，C，Dとする。次の各問に答えよ。

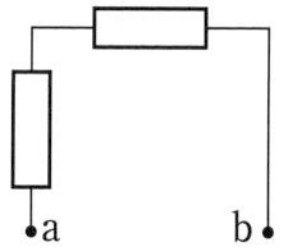

(1) 図1，2に関する次のア，イ，ウの記述のうち，
正しいものはどれか。すべて選べ。

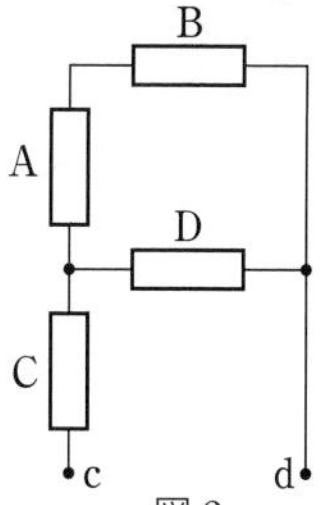

　ア　図1のab間に電池をつないで電流を流すと，
2つの抵抗に加わる電圧は等しい。

　イ　図2のcd間に電池をつないで電流を流すと，抵抗Aと抵抗Bに加わる電圧は等
しい。

　ウ　図2のcd間に電池をつないで電流を流すと，抵抗Cと抵抗Dに加わる電圧は等
しい。

(2) 図2において，各抵抗の抵抗値をrとするとき，cd間の合成抵抗はいくらか。

(20. 佛教大　改) ➡ **例題14**

思考

▶**248. 抵抗の発熱** 図1に示すような円柱状の導体がある。この導体に一定の直流電圧
を加え，導体で発生するジュール熱によって，断熱容器に密封された質量m，比熱cの
液体を加熱する(図2)。時刻をt，液体の温度をTとし，時刻0からt_fまで加熱する。
また，時刻0のときの液体の温度をT_0とする。導体で発生したジュール熱は，すべて
液体の温度上昇に使われるものとして，次の各問に答えよ。

導体

図1

V
抵抗
液体
断熱容器

図2

T
T_1
T_0
O
t_f
t

図3

(1) 時刻t_fまで液体を加熱したところ，温度がT_1となった。このときの液体の温度T
の時間変化を図3に示す。直流電圧をV，導体の抵抗値をRとしたとき，液体の温度
変化を表す直線の傾きを，V，R，m，cを用いて表せ。

(2) 長さが3倍，断面積が2倍で，同じ物質からなる導体に直流電圧Vをかけて，時刻
0からt_fまで液体を加熱すると，温度がT_0からT_2になった。このときの液体の温
度の時間変化を図3のグラフに示せ。

(21. 東京農工大　改)

ヒント ....

247 図2の各抵抗は，直列接続と並列接続の組みあわせになっている。

248 長さL，断面積Sの導体の抵抗Rは，抵抗率をρとして，$R=\rho\dfrac{L}{S}$と表される。

10 電流と磁場

1 磁場

❶磁石と磁場

(a) **磁石** 磁石の両端には、鉄片を強く引き寄せる**磁極**がある。水平につるした磁石のうち、北を指す磁極がN極、南を指す磁極がS極である。地球は、北極付近にS極、南極付近にN極をもつ大きな磁石とみなすことができる。

　●**磁気力** 磁極が空間を隔てて互いにおよぼしあう力。

　　同種の磁極間…斥力

　　異種の磁極間…引力

(b) **磁場** 磁極に磁気力をおよぼす空間。向きと強さをもつ。

　磁場の向き…磁針のN極が磁場から受ける力の向き。

　磁場の強さ…磁極の受ける力が大きいほど、磁場は強い。

❷磁力線 磁場の向きに沿って引かれた曲線。

①N極から出てS極に向かう。

②磁力線の接線の方向は、その接点における磁場の方向を示す。

③途中で交わったり、折れ曲がったり、枝分かれしたりしない。

④磁場の強いところでは密、磁場の弱いところでは疎となる。

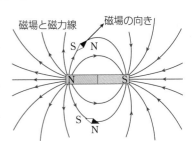

磁場と磁力線　磁場の向き

❸電流がつくる磁場

(a) **直線電流がつくる磁場** 電流を中心とする同心円状に磁場ができる。

　●**磁場の向き** 磁場の向きは、電流の向きに右ねじの進む向きをあわせるとき、右ねじのまわる向きである（右ねじの法則）。

　●**磁場の強さ** 電流が大きいほど、電流に近いほど強い。

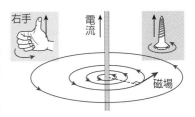

右手　　　電流　　磁場

(b) **円形電流がつくる磁場** 円の中心にできる磁場の向きは、円の面に垂直である。

　●**磁場の向き** 円の中心における磁場の向きは、右手の親指を立て、電流の向きに沿って残りの指で導線を握ったときの、親指の向きとして示される。

　●**磁場の強さ** 円の中心における磁場の強さは、電流が大きいほど、円の半径が小さいほど強い。

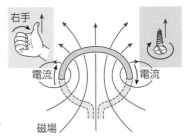

右手　　電流　電流　磁場

(c) **ソレノイドを流れる電流がつくる磁場**

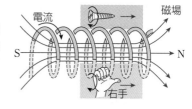

　ソレノイド内部の磁場の向きは，コイルの軸に平行であり，両端付近を除いて，内部の磁場の強さはほぼ一様である。電流が流れているソレノイドは電磁石となり，このときのN極，S極は図のようになる。

●**磁場の向き**　ソレノイド内部の磁場の向きは，右手の親指を立て，電流の向きに沿って残りの指でソレノイドを握ったときの，親指の向きとして示される。

●**磁場の強さ**　ソレノイドの単位長さあたりの巻数が多いほど，また，電流が大きいほど強い。

☑ モーターと発電機

❶**電流が磁場から受ける力**　磁場に垂直に流れる電流は，磁場から，磁場と電流の両方に垂直な方向に力を受ける。

●**フレミングの左手の法則** 物理 　電流，磁場，力のそれぞれの向きの関係は，図のように**左手の中指を電流の向き，人さし指を磁場の向きにあわせると，親指の向きが力の向きとして示される。**

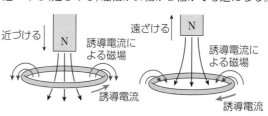

❷**モーター**　磁場の中でコイルに電流を流し，電流が磁場から受ける力を利用して，回転を得る装置。整流子のはたらきによって，コイルは一定の方向に回転する。

❸**電磁誘導**　コイルを貫く磁力線の数が変化すると，コイルに電圧が生じて電流が流れる現象。

●**誘導起電力**　電磁誘導で生じる電圧。コイルを貫く磁力線の数の単位時間あたりの変化が大きいほど，また，コイルの巻数が多いほど大きい。

●**誘導電流**　電磁誘導で流れる電流。誘導電流の向きは，コイルに磁極を近づけるときと，遠ざけるときとで逆になる。近づける(遠ざける)磁極がN極かS極かでも逆になる。

●**レンツの法則** 物理 　**誘導電流は，コイルを貫く磁力線の数の変化を妨げる向きに流れる。**

❹**直流発電機**　磁場の中で，コイルや磁石を動かすことによって，誘導電流を発生させる装置。

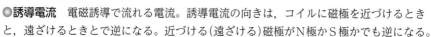

近づける　N　誘導電流による磁場

遠ざける　N　誘導電流による磁場

誘導電流

誘導電流

❸ 交流と電磁波

❶**直流と交流**

(a)　**直流**　一定の電圧を**直流電圧**，一定の向きの電流を**直流電流**という。

(b)　**交流**　一定の周期で正と負が入れ替わり，大きさも一定の周期で変化する電圧を**交流電圧**，大きさと向きが周期的に変化する電流を**交流電流**という。

❷交流の発生　交流発電機では，磁場の中でコイルを回転させ，電磁誘導を利用して交流電圧を発生させている。電圧(電流)が変化し始めてからもとの状態にもどるまでの時間を**周期**，1s間あたりの変化の繰り返しの回数を**周波数**(単位は**ヘルツ**(記号 Hz))という。家庭に供給される交流：東日本…50Hz，西日本…60Hz

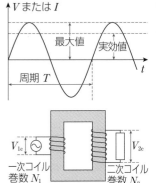

●**交流の実効値**　交流電圧，交流電流の最大値を $\frac{1}{\sqrt{2}}$ 倍した値を**実効値**という。実効値を用いると，消費電力の平均値は，直流の場合と同じ式で表すことができる。

❸変圧器　交流電圧を変換する装置。エネルギーの損失を伴わない理想的な変圧器では，一次コイル，二次コイルの巻数を N_1，N_2，それぞれの電圧，電流の実効値を V_{1e}〔V〕，I_{1e}〔A〕，V_{2e}〔V〕，I_{2e}〔A〕とすると，

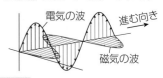

$$\frac{V_{1e}}{V_{2e}} = \frac{N_1}{N_2} \quad \cdots ① \qquad V_{1e}I_{1e} = V_{2e}I_{2e} \quad \cdots ②$$

一次コイル側の電力と，二次コイル側の電力は等しい。

❹交流から直流への変換　交流を直流に変換することを**整流**という。ダイオードには，電流を一方の向きにだけ流すはたらき(整流作用)があり，整流器などによく用いられる。

❺電磁波　磁気的な変化が電気的な変化を生み，逆に電気的な変化が磁気的な変化を生み出して，この周期的な変化(振動)が**電磁波**として空間を伝わる。電磁波は横波であり，速さは光速と同じ 3.0×10^8 m/s である。

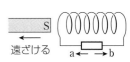

$$c = f\lambda \quad (\text{電磁波の速さ〔m/s〕＝周波数〔Hz〕×波長〔m〕}) \quad \cdots ③$$

≫プロセス≫　次の各問に答えよ。(　)には適切な語句，または数値を入れよ。

1　磁石のN極とS極との間には(　①　)力がはたらき，N極とN極，あるいはS極とS極との間には(　②　)力がはたらく。

2　十分に長い直線状の導線を，図の右向きに電流が流れている。このとき，点Aの磁場の向きを求めよ。

→ 電流
•A

3　図のように，磁石のS極をコイルから遠ざけると，bの向きに電流が流れた。磁石のS極をコイルに近づけるとき，流れる電流の向きは，a，bのどちらか。

遠ざける ←　S　⦅⦆⦆⦆⦆
a ←→ b

4　変圧器を用いて，実効値100Vの交流電圧を400Vに変えたい。一次コイルの巻数が200回のとき，二次コイルの巻数は何回にすればよいか。

5　電池から流れる電流は(　①　)電流，家庭用コンセントから得られる電流は(　②　)電流である。(　②　)電流が1s間あたりに変化する繰り返しの回数を(　③　)という。

6　電磁波が1s間に真空中を進む距離は，約(　　)万kmである。

解答≫……………………………………………………………………………………

1①引　②斥(反発)　　**2**紙面に垂直に表から裏の向き　　**3** a　　**4** 800回
5①直流　②交流　③周波数　　**6** 30

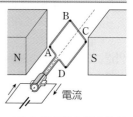

基本例題30　モーターと発電機

⇒基本問題 252, 253, 254

次の文の　　　　に適切な語句を入れ，以下の問に答えよ。

図は，２つの磁石とその間で回転するコイルからなる直流モーターである。コイルに電流が流れると，電流は磁石がつくる　(ア)　から力を受け，コイルが回転を始める。モーターを一定の方向にまわし続けるには，コイルに流れる電流の向きを切り替えるための　(イ)　が必要である。

図の電池を外して抵抗をつなぎ，コイルを回転させると，コイルを貫く磁力線の数が変化して，　(ウ)　起電力が生じ，抵抗に電流が流れる。この現象を　(エ)　といい，これを利用した装置が　(オ)　機である。

物理　(問)　図の状態のコイルを手前から見たとき，どちら向きに回転するか。

■ 指 針　(ア)(イ)　直流モーターは，電流が磁場から受ける力を利用し，回転を得るための装置である。

(ウ)～(オ)　(直流)発電機は，電磁誘導を利用して電流をつくり出す装置であり，モーターとほぼ同じしくみである。

(問)　フレミングの左手の法則を用いる。

■ 解 説　(ア)(イ)　一定の方向に回転を続けるために，モーターには，半回転ごとに電流の向きを切り替える整流子が備えられている。

(ウ)～(オ)　磁場の中でコイルを回転させると，コイルを貫く磁力線の数が変化し，電磁誘導によって誘導起電力が生じ，誘導電流が流れる。発電機は，これを利用している。

(ア)　**磁場**　　(イ)　**整流子**　　(ウ)　**誘導**
(エ)　**電磁誘導**　　(オ)　**(直流)発電**
(問)　フレミングの左手の法則から，コイルの辺AB は下向きに，辺 CD は上向きに力を受ける。したがって，**反時計まわり**に回転する。

基 本 問 題

知識

249. 電流がつくる磁場 ●

図のような形状の導線に，矢印の向きに電流が流れている。このとき，破線で示された部分には，どのような磁場が生じているか。矢印を用いて示せ。

(1)　十分に長い直線状の導線

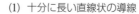

(2)　ソレノイド

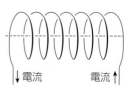

知識

250. 直線電流による磁場 ●

水平面内で自由に回転できる方位磁針が置かれており，N極は北，S極は南を指して静止している。図のように，磁針の真上に，水平で南北方向となるように導線を張り，次のような電流を流したとき，磁針のN極はどちら向きに振れるか。

(1)　北向きに一定の電流を流したとき。

(2)　南向きに一定の電流を流したとき。

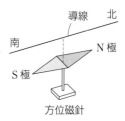

第Ⅳ章　電気

知識

251. 円形電流による磁場 ● 図のような円形の導線に，電流が流れているとする。このとき，円の中心にできる磁場の向きはどちら向きか。

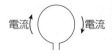

知識 **物理**

252. フレミングの左手の法則 ● 紙面に垂直で表から裏の向きの一様な磁場がある。図のように，この磁場の中で，右向きに流れる電流が磁場から受ける力の向きはどちら向きか。 ➡ 例題30

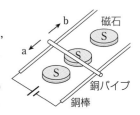

知識 **物理**

253. 電磁推進 ● 図のように，水平面上で，上面がS極となるように磁石を並べて，磁石をはさむように平行に銅棒を置き，乾電池を接続して電流を流した。このとき，銅棒に垂直に渡した銅パイプは，どちら向きに動き出すか。a, b の記号を用いて答えよ。 ➡ 例題30

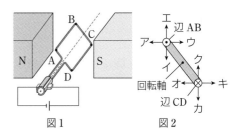

💡**ヒント** フレミングの左手の法則を用いて，銅パイプが受ける力の向きを判断する。

知識 **物理**

254. モーターのしくみ ● 図1は，直流モーターの原理を示したものであり，図2は，図1のコイルを手前側から見たようすである。長方形コイル ABCD に電流 I を流したとき，辺 AB および辺 CD は，どちら向きに力を受けるか。ア～エおよびオ～クの記号で答えよ。また，長方形コイル ABCD は，手前側から見たとき，回転軸を中心としてどちら向きに回転するか。時計まわり，反時計まわりで答えよ。 ➡ 例題30

💡**ヒント** 図1の状態において，電流は，コイルを D→C→B→A の向きに流れる。フレミングの左手の法則を用いて，各辺が受ける力の向きを調べる。

知識 **物理**

255. レンツの法則 ● 次のように磁石とコイルを操作した場合，コイルAに生じる誘導電流の向きはどちら向きか。ア，イの記号で答えよ。

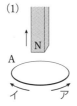 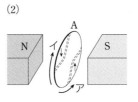 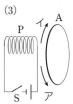

(1) 磁石のN極をコイルAから遠ざける。

(2) 磁極の間でコイルAを矢印の向きに変形させる。

(3) コイルAとコイルPを向きあわせ，スイッチSを閉じる。

💡**ヒント** レンツの法則を用いて，誘導電流の向きを調べる。

256. 交流発電機 [思考]

図1のように、一様な磁場の中でコイル abcd を回転させる。コイルの中央に示された矢印の向きを磁場の正の向きとしたとき、コイルを貫く磁力線の数の時間変化は、図2のようになった。

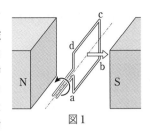

図1

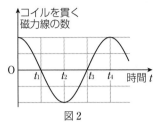

図2

(1) 図2の $t_1 \sim t_4$ のうち、コイルに生じる電圧の大きさが最大となる点をすべて答えよ。

(2) コイルに生じる電圧の周波数を、t_4 を用いて表せ。

(3) コイルを回転させる速さを大きくし、回転の周期を短くすると、コイルに生じる電圧の周波数、最大値は、大きくなるか、小さくなるか。それぞれ答えよ。

257. 変圧器 [知識]

変圧器を用いて、実効値 1.0×10^2 V の交流電圧を 2.0×10^3 V に変えたい。一次コイルの巻数が 4.0×10^2 回のとき、二次コイルの巻数は何回であればよいか。また、二次コイル側に実効値 5.0×10^{-2} A の電流が流れているとすると、一次コイル側に流れている電流の実効値は何 A か。変圧器によるエネルギーの損失はないものとする。

258. 送電 [知識]

発電所で発電した電力 P を、抵抗値 r の送電線で輸送する。次の各問に答えよ。

(1) 送電するときの電圧が V のとき、送電線に流れる電流はいくらか。

(2) (1)のとき、送電線での電力の損失はいくらか。

259. 整流 [思考]

図1のダイオードは、矢印の向きに電流が流れるときは抵抗値が0の導線のようにはたらき、逆向きには電流を流さない素子であるとする。図1のAからみたBの電圧が図2のように周期 T で変化しているとき、次の各問に答えよ。

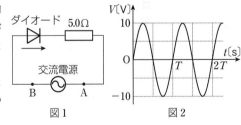

図1

図2

(1) 回路を流れる電流の最大値はいくらか。

(2) 回路を流れる電流の時間変化をグラフに描け。ただし、電流の向きは図1の矢印の向きに流れるときを正とする。

💡ヒント (2) AからみたBの電圧が負のとき、回路に電流は流れない。

260. 電磁波の周波数 [知識]

可視光線(ヒトの目が感じる光)の波長は、およそ 4.0×10^{-7} m〜7.6×10^{-7} m である。電磁波の速さは、光の速さと等しく、3.0×10^8 m/s である。可視光線の周波数は、何 Hz から何 Hz の範囲となるか。

第IV章

電気

11 | エネルギーとその利用

■1 太陽エネルギーと化石燃料

❶太陽のエネルギー　太陽がもつエネルギーは，光などの電磁波として放射される。太陽のエネルギーは，地球上で種々のエネルギーに移り変わっている。

　太陽のエネルギーを利用した発電には，太陽光発電，水力発電，風力発電などがある。

　●太陽定数　地球が大気の表面で1秒間に受ける太陽のエネルギーは，太陽光に垂直な面積 $1\,m^2$ あたり，約 $1.4\,kJ$ である。すなわち，$1.4\,kW/m^2$ である（太陽定数）。

❷化石燃料の利用と環境保全

(a) **化石燃料**　石油や石炭，天然ガスなど。植物の光合成を通じて太陽のエネルギーを取りこんだ，太古の生物の遺骸がその起源と考えられている。人類の重要なエネルギー資源となっているが，埋蔵量に限りがあり，いずれは枯渇すると懸念されている。

(b) **環境保全**　大気中の二酸化炭素は，地表から放出される赤外線を吸収し，その一部を地表に放出する（温室効果）。化石燃料の消費が増加すると，地球の温暖化が促進されるといわれている。

■2 原子力エネルギー

❶原子と原子核　原子の種類（元素）は，陽子の数によって決まり，その数を原子番号という。また，原子核を構成する陽子と中性子を，総称して核子といい，核子の数を質量数という。

$$_{Z}^{A}\mathrm{X}$$

質量数 A　元素記号　原子番号 Z

　●原子・原子核を示す記号　元素記号Xの左上に質量数 A，左下に原子番号 Z を添えて，その構成が示される。

　●同位体（アイソトープ）　原子番号が同じで，質量数の異なる原子核をもつ原子。中性子の数のみが異なり，同位体どうしの化学的な性質はほぼ等しい。

❷原子核の崩壊と放射線　不安定な状態の原子核は，**放射線**とよばれるエネルギーの高い粒子や電磁波を放射して，安定な状態の原子核へと変化する。このような変化を**放射性崩壊**，または**崩壊（壊変）**という。

　放射能…物質が自然に放射線を放出する性質。放射能をもつ同位体を**放射性同位体（ラジオアイソトープ）**，放射能をもつ物質を**放射性物質**という。

　●放射線　原子核の放射性崩壊では，次の放射線が放出される。

α 崩壊…α 線（ヘリウムの原子核 $_{2}^{4}\mathrm{He}$）を放出。

β 崩壊…β 線（電子）を放出。

γ 崩壊…γ 線（波長のきわめて短い**電磁波**）を放出。

放射線	実体	電離作用	透過力
α 線	$_{2}^{4}\mathrm{He}$ の原子核	大	小
β 線	電子	中	中
γ 線・X線	電磁波	小	大
中性子線	中性子	小	大

　放射線には，放射性崩壊で放出されるもののほかに，**中性子線**，**X線**などもある。

　●放射線の性質　放射線は物質を構成する原子から電子をはじき出し，イオンをつくる作用（電離作用）を示す。また，物質を透過し，その透過力は放射線の種類で異なる。

◉放射能・放射線の単位

単位	記号	定義
ベクレル (放射能の強さ)	Bq	放射性物質が放射線を出す強さ(能力)を表す単位である。1 Bq は，1 s 間に1個の割合で原子核が崩壊するときの放射能の強さである。
グレイ (放射線の量)	Gy	1 Gyは，物質 1 kg あたり 1 J のエネルギーを与える放射線の量である。この放射線の量は，**吸収線量**とよばれる。
シーベルト (放射線の量)	Sv	放射線の人体に対する影響は，吸収線量が同じでも，放射線の種類やエネルギーなどによって異なる。この影響を考慮し，吸収線量を補正した量を**等価線量**という。また，放射線を受けた人体の組織などによっても影響が異なり，それを加味した量を**実効線量**という。単位には，いずれも Sv が用いられる。

❸**半減期** 物理 原子核の数がもとの数の半分になるまでの時間。最初の原子核の数を N_0，半減期を T として，時間 t が経過したとき，崩壊せずに残る原子核の数 N は，

$$N = N_0 \left(\frac{1}{2}\right)^{\frac{t}{T}} \quad \cdots ①$$

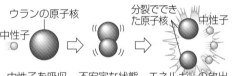

❹**核反応** 原子核が別の原子核に変化する反応。反応の前後で，質量の増減を生じるが，核子の数(質量数)の総和と電気量(原子番号)の総和は，それぞれ一定に保たれる。

(a) **核分裂** 1つの原子核が，複数の原子核に分裂する反応。ウラン $^{235}_{92}U$ は，中性子を吸収すると，大量のエネルギーとともに γ 線や中性子などを放出して分裂する。

ウランの原子核　中性子　分裂でできた原子核　中性子
中性子を吸収　不安定な状態　エネルギーの放出

◉**連鎖反応** 一定量以上のウラン $^{235}_{92}U$ が存在し，核分裂で放出された中性子が，別のウラン $^{235}_{92}U$ に吸収される条件が満たされると，核分裂が次々におこる。これを**連鎖反応**といい，連鎖反応が一定の割合で継続する状態を**臨界**という。

◉**原子力発電** 連鎖反応を制御しながら，核分裂で生じるエネルギーで水を蒸発させ，水蒸気でタービンをまわして発電する。

(b) **核融合** 2つ以上の原子核が1つの原子核に融合する反応。核融合によって発生する大量のエネルギーが，太陽のエネルギーの源である。

>> **プロセス** 次の各問に答えよ。また，(　　)に適切な語句を入れよ。

1 太陽電池を用いた発電は(　ア　)発電，ダムの水の落下を利用した発電は(　イ　)発電，風を利用した発電は(　ウ　)発電である。

2 ウラン $^{238}_{92}U$ の原子核の，陽子の数と中性子の数はそれぞれいくらか。

3 核分裂において，連鎖反応が一定の割合で継続する状態を(　　　　)という。

4 コバルト $^{60}_{27}Co$ の半減期は 5.2年である。1.0 g の $^{60}_{27}Co$ は，10.4年が経過したとき，何 g 残るか。 物理

解答 ......

1 (ア) 太陽光　(イ) 水力　(ウ) 風力　　**2** 陽子：92個，中性子：146個　　**3** 臨界　　**4** 0.25 g

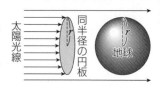

解説動画 ▶

基本例題31 **地球が受ける太陽エネルギー**　　　　⇒基本問題 263

　地球が太陽から受けるエネルギーは，太陽光に垂直な面積 $1\,m^2$ あたり，約 $1.4\,kW$ である。地球全体が，$1\,s$ 間あたりに受ける太陽のエネルギーは何 J か。ただし，地球の半径を $6.4×10^6\,m$ とし，大気による太陽のエネルギーの反射はないものとして考える。

■**指針**　$1.4\,kW=1.4×10^3\,J/s$ である。地球の半径を $r\,[m]$ とすると，太陽光に垂直な地球の断面積は $\pi r^2\,[m^2]$ であり，地球が受ける太陽のエネルギーは，この面積にあたる太陽光のエネルギーである。

■**解説**　太陽光に垂直な $1\,m^2$ の面積が，$1\,s$ 間に受ける太陽のエネルギーは，$1.4×10^3\,J$ である。したがって，地球全体が受ける太陽のエネルギーは，その数値に地球の断面積をかければよい。

$$1.4×10^3×3.14×(6.4×10^6)^2=1.80×10^{17}\,J$$

$1.8×10^{17}\,J$

基本例題32 **太陽電池の効率**　　　　⇒基本問題 263

　ある太陽電池のパネル $1\,m^2$ に，$1\,s$ 間あたり $1.2×10^3\,J$ のエネルギーの太陽光が照射されたとき，得られた電力が $132\,W$ であった。この太陽電池のパネルが，光エネルギーを電気エネルギーに変える変換効率は何 % か。

■**指針**　電力の単位ワット(W)は，$1\,s$ 間あたりに得られる電気エネルギーを意味している。すなわち，太陽電池のパネルによって，毎秒 $1.2×10^3\,J$ の光エネルギーのうち，$132\,J$ の電気エネルギーが得られている。

■**解説**　毎秒 $1.2×10^3\,J$ の光エネルギーが，$132\,J$ の電気エネルギーに変換される。したがって，その変換効率は，

$$\frac{132}{1.2×10^3}×100=11\%$$

基本問題

261. 知識 **水力発電**　ある水力発電所では，落差 $1.0×10^2\,m$ を水が落下して，発電機をまわしている。このとき，水の失った重力による位置エネルギーが，すべて電気エネルギーに変換されたとする。発電所で発電される電力が $4.9×10^4\,kW$ であるとすると，毎秒落下する水の量は何 m^3 か。ただし，水 $1\,m^3$ あたりの質量を $1.0×10^3\,kg$，重力加速度の大きさを $9.8\,m/s^2$ とする。

262. 知識 **エネルギー資源**　次の文中の（　）に適する語句を入れよ。

　石炭，石油，天然ガスなどの（　①　）燃料は，植物の（　②　）を通じて，（　③　）のエネルギーを取りこんだ，太古の（　④　）の遺骸がもとになったものと考えられている。

　化石燃料の燃焼では，大量の（　⑤　）が空気中に放出される。大気中の（　⑤　）は，地表から放出される赤外線を吸収し，その一部を地表に放出している。このため，化石燃料の消費が増加すると，地球の温暖化が進行するといわれている。

263. **知識** **太陽エネルギーとその利用** 地球が太陽から受けるエ
ネルギーは，太陽光に垂直な面積 $1 m^2$ あたり，1 s 間に 1.4
kJ である。太陽から地球までの距離を $1.5×10^{11} m$ とし，太
陽のエネルギーは，どの方向にも均等に放出されるものとす
る。次の各問に答えよ。

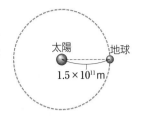

(1) 太陽から宇宙空間に向けて放出されるエネルギーは，
1 s 間あたり何 J か。

(2) 太陽光に対して垂直に設置されている $1.0 m^2$ の太陽光発電パネルがある。この発
電パネルは，5.0時間で電力量 0.98 kWh を供給している。発電パネルは，太陽から受
けるエネルギーのうち，何 % を電気エネルギーに変換しているか。 ⇒ 例題31・32

ヒント (1) 半径 r の球の表面積は，$4\pi r^2$ で表される。
(2) 1 kWh は 1 kW の電力で 1 時間にする仕事であり，$1 kWh = 3.6×10^6 J$ の関係がある。

264. **知識** **放射線** ある 3 種類の放射線の透過力を調べた
ところ，放射線 A は厚紙，B はアルミニウム板(厚さ 4
mm)，C は鉛板(厚さ 5 cm)でそれぞれ遮られた。こ
れらは，α 線，β 線，γ 線のいずれかであることがわか
っている。A，B，C の放射線はそれぞれ何か。

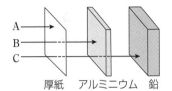

厚紙 アルミニウム 鉛

265. **知識** **放射線の量** 1 時間あたりに受ける放射線の量を表す単位には，マイクロシーベ
ルト毎時(記号 μSv/h) がある。実効線量 0.10 μSv/h を30日間受け続けた場合，受けた
実効線量の合計は何 μSv となるか。

266. **知識** **物理** **半減期** 図は，ある放射性同位体の原子核の数が，
変化していくようすを示したものである。図中の N は崩
壊せずに残っている原子核の数，N_0 は最初の原子核の
数を示している。次の各問に答えよ。

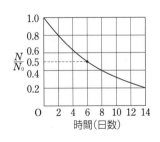

(1) この放射性同位体の半減期は何日か。

(2) 18日後までに崩壊せずに残っている原子核の数は，
最初の何分の 1 か。

時間(日数)

267. **知識** **物理** **核反応のエネルギー** 核反応によって生じるエネルギーは，一般の燃焼に比べて
非常に大きい。1 g の石炭が燃焼するときに放出されるエネルギーは $3.0×10^4 J$，1 g の
ウラン $^{235}_{92}U$ がすべて核分裂したときに放出されるエネルギーは $8.3×10^{10} J$ である。

(1) 1 g のウラン $^{235}_{92}U$ から生じるエネルギーは，石炭何 g の燃焼に相当するか。

(2) アインシュタインによると，m [kg] の質量は mc^2 [J] のエネルギーに相当するとい
う。c は光速で，$c = 3.0×10^8 m/s$ である。1 g のウラン $^{235}_{92}U$ がすべて核分裂したと
きに生じるエネルギーは，何 g の質量に相当するか。

考察問題

268. 思考 **抵抗と消費電力** ▶ 図1の回路で，電源Eの電圧は
60Vであり，抵抗rは10Ωである。その他の抵抗には，
2.0Ω，10Ω，40Ωのものが使われているが，どの抵抗
がどの値であるかはわかっていない。しかし，この回路
で，各抵抗の単位時間あたりの発熱量は，R_1ではrより
も小さく，R_3ではR_2よりも小さいことがわかっている。
次の各問に答えよ。

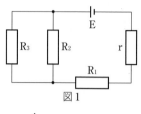

図1

(1) R_1の抵抗値は何Ωか。

(2) R_2，R_3の抵抗値はそれぞれ何Ωか。

(3) r，R_1，R_2，R_3の各抵抗で消費される電力は何Wか。

(4) 電池が供給する電力は何Wか。

(5) 図2のように，AB間を導線で接続する。r，R_1，
R_2，R_3の各抵抗で消費される電力は何Wになるか。

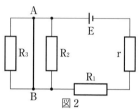

図2

269. 思考 **電圧計が回路におよぼす影響** ▶ 次の文の ⬜ には，「大きい」，または「小さい」
の語句があてはまる。それぞれに入る適切な語句を答えよ。

図1のように，電池に抵抗1と抵抗
2を直列に接続して電流を流した。こ
のとき，抵抗2に加わる電圧を知るた
めに，内部抵抗をもった電圧計を図2
のように接続した。

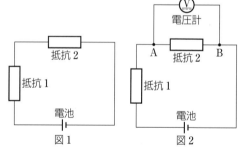

図1　　　図2

電圧計を接続した場合，図2のAB
間の抵抗値は，抵抗2の抵抗値よりも
⬜ a ⬜。したがって，図2の回路全
体の抵抗値は，図1の回路全体の抵抗
値よりも ⬜ b ⬜。すなわち，図2の電池から流れ出る電流の値は，図1の場合よりも
⬜ c ⬜。そのため，図2の抵抗1に加わる電圧は，図1の抵抗1に加わる電圧よりも
⬜ d ⬜。図2の抵抗1に加わる電圧と点AB間の電圧の和は，図1の抵抗1に加わる
電圧と抵抗2に加わる電圧の和に等しい（どちらも電池の電圧である）。このことから，
電圧計を接続した場合に抵抗2に加わる電圧は，図1の抵抗2に加わる電圧よりも
⬜ e ⬜ ことがわかる。

(20. 藤田医科大　改)

💡**ヒント**..

268 (1)(2) 抵抗の単位時間あたりの発熱量は，電流が等しいときは，「$P=RI^2$」からRに比例し，電圧が等
しいときは，「$P=V^2/R$」からRに反比例する。

269 図2では，抵抗2と電圧計が並列に接続されている。電圧計の内部抵抗は非常に大きく，合成抵抗は抵
抗2だけの値よりもわずかに小さくなる。

思考 実験
270. 油の比熱の測定 ▶ 油の比熱を求めるため，次の実験を行った。

　水(または油)を入れた容器に電熱線を浸し，電池，可変抵抗，スイッチからなる直列回路をつくった。回路には電流計，電圧計がとりつけられ，電熱線に流れる電流，加わっている電圧を測定できる。また，可変抵抗の抵抗値を変化させて，電流，電圧を調整できる。容器には温度計がとりつけられており，内部の水(または油)の温度を測定できる。容器は断熱材でおおわれており，電熱線で発生した熱は容器の外には逃げないものとする。また，水の比熱を4.2J/(g·K)とする。実験結果は，表のようになった。

液体の種類	質量〔g〕	電流計の読み〔A〕	電圧計の読み〔V〕	通電時間〔分〕	液体および容器の温度〔℃〕	
					実験前	実験後
水	200	1.0	12.0	13.0	10.5	20.5
油	200	3.0	4.0	6.5	8.5	18.5

(1)　下線部について，どのような回路を組めばよいか。右に示した記号を用いて，回路の概略を図示せよ。

器具	電池	容器(電熱線，温度計を含む)	可変抵抗	電流計	電圧計	スイッチ
記号	⊣⊢	▭	▱	Ⓐ	Ⓥ	／

(2)　水あるいは油を用いた実験で，電熱線で発生した熱量はそれぞれいくらか。

(3)　容器の熱容量，油の比熱はそれぞれいくらか。　　　　　　　(20. 県立広島大　改)

思考 物理
271. 電磁誘導 ▶ 図のように，糸に円形磁石を取りつけた振り子がある。その支点の真下に円形コイルを水平に置き，コイルをオシロスコープに接続する。コイルよりも大きな振幅で振り子が振動するとき，コイルに発生する電圧の変化をオシロスコープで測定する。なお，磁石の直径は，コイルと同程度であるとする。振り子の振れが最大となったときに観測を始めたところ，最初に電圧 V が正の向きに増え始める波形が得られた。振り子が2往復する間の波形として最も適切なものを，次の①〜④のうちから選べ。

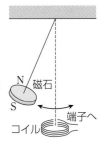

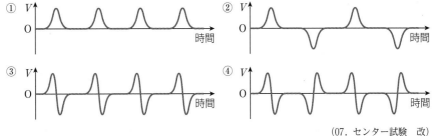

(07. センター試験　改)

ヒント
270 (3) 電熱線で発生したジュール熱は，水(油)と容器が得た熱量の和に等しい。
271 磁石が近づくときはコイルを貫く磁場が増加し，遠ざかるときはコイルを貫く磁場が減少する。

◆ テストの概要 ◆

　大学入学共通テストは，従来のセンター試験に代わって，2021年から実施されている。

　知識の理解の質を問う問題や，思考力・判断力・表現力を要する問題が重視される。また，社会生活・日常生活の中から課題を発見して解決方法を考える場面，資料やデータをもとに考察する場面など，種々の学習の過程を意識した場面設定の問題も重視される。

　「物理基礎」科目では，日常生活や社会と関連した物理現象に関する知識とその活用，および科学的な探究の過程が重視される。従来の計算力に加え，定性的な理解力・判断力や，グラフなどからデータを読み取って活用する力などが重視され，物理現象の本質をとらえ，主体的に考える力が求められる。

演 習 問 題

思考 **実験**

1 台車の加速度運動 水平な実験台の上で，台車の加速度運動を調べる実験を行った。図1のように，台車に記録タイマーに通した記録テープを取りつけ，反対側に軽くて伸びないひもを取りつけて，

図1

軽くてなめらかに回転できる滑車を通しておもりをつり下げた。このおもりを落下させ，台車を加速させた。ただし，記録テープも記録タイマーも台車の運動には影響しないものとする。図2のように，得られた記録テープの上に定規を重ねて置いた。この記録タイマーは毎秒60回打点する。記録テープには6打点ごとの点の位置に線が引いてある。

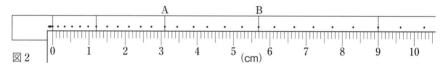

図2

(1)　図2の線Aから線Bまでの台車の平均の速さ $\overline{v_{AB}}$ はいくらか。次の式の空欄 <u>1</u> に入れる数値として最も適当なものを，下の①～⑥のうちから一つ選べ。

$\overline{v_{AB}}=$ <u>1</u> m/s　　① 0.017　② 0.026　③ 0.17　④ 0.26　⑤ 1.7　⑥ 2.6

(2)　速度と時間のグラフ（$v-t$ グラフ）をつくると，傾きが一定になっていた。この傾きから加速度を計算すると，0.72m/s² となった。質量が 0.50kg の台車を引くひもの張力 T はいくらか。次の空欄 <u>2</u> ～ <u>4</u> に入れる数字として最も適当なものを，下の①～⓪のうちから一つずつ選べ。ただし，同じものを繰り返し選んでもよい。

$T=$ <u>2</u>．<u>3</u> <u>4</u> N

①　1　　②　2　　③　3　　④　4　　⑤　5
⑥　6　　⑦　7　　⑧　8　　⑨　9　　⓪　0

（21. 共通テスト　改）

思考 **実験**

2 運動の法則 ■ Aさんは，ニュートンの運動の法則を検証する次のような実験を計画した。摩擦のない水平な台の上に，質量Mの力学台車を置く。この台車に，軽い糸の一端をつなぎ，なめらかに回転する軽い滑車にかけて，糸の他端に質量mのおもりを1個つるす。位置センサーを使用して，台車の位置を十分に短い時間間隔で測定し，表計算ソフトで，台車の変位，平均の速さを計算して，加速度を求める。質量mのおもりを数個用意し，おもりの数を増やしながら，加速度の変化を調べる。重力加速度の大きさをgとする。

(1) Aさんは，実験を行う前に，「おもりの数と台車の加速度は比例する」という仮説を立てた。しかし，実際に実験を行うと，おもりを2個，3個と増やしても，加速度は2倍，3倍にならなかった。そこで，台車だけでなく，おもりも含めた運動方程式を立てて考えることにした。おもりが1個の場合において，加速度の大きさをa，糸の張力の大きさをTとし，運動の向きを正とすると，台車とおもりの運動方程式はそれぞれどのように表されるか。正しいものを，次の①～⑧のうちから一つずつ選べ。

① $ma = mg$ ② $(M+m)a = mg$ ③ $(M-m)a = mg$ ④ $ma = mg - T$
⑤ $ma = mg + T$ ⑥ $Ma = mg$ ⑦ $Ma = T$ ⑧ $ma = T$

(2) Aさんは，(1)で立てた台車とおもりの運動方程式から，糸の張力の大きさTを求めた。Tを表す式として正しいものを，次の①～⑤のうちから一つ選べ。

① mg ② $\dfrac{Mm}{M+m}g$ ③ $\dfrac{m}{M+m}g$ ④ $\dfrac{M}{M+m}g$ ⑤ Mg

(3) (2)の糸の張力の大きさについて調べるため，Aさんは，この実験装置の台車に軽い力センサーを取り付け，そこに糸を結ぶことで，糸の張力を測定できるように改良した。はじめ，台車を手で静止させ，十分に短い時間間隔で張力を測定しながら，時刻t_0で手をはなす。このとき，張力と時間の関係を表すグラフの概形はどのようになると考えられるか。最も適当なものを，次の①～⑤のうちから一つ選べ。

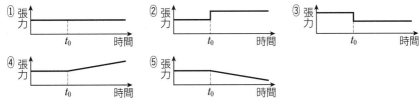

(4) (1)の仮説「おもりの数と台車の加速度は比例する」が間違っていた理由として，どのようなものが考えられるか。次の①～③のうちから，適当なものをすべて選べ。ただし，該当するものがない場合は⓪を選べ。

① ニュートンの運動の法則は理想論であり，現実の台車の動きは説明できない。
② おもりの質量とおもりが受ける重力の大きさは，比例していない。
③ 台車とおもりは糸でつながっており，加速度運動をするのは台車だけではない。

特別演習④ 大学入学共通テスト 対策問題 **129**

思考 **実験**

3 $v-t$ **グラフと** $I-t$ **グラフ** ■ 電車の運転席には様々な計器がある。電車がA駅を出発してからB駅に到着するまで，電車の速さ v，電車の駆動用モーターに流れた電流 I，モーターに加わった電圧 V を2sごとに記録したデータがある。図1は v と時刻 t の関係を，図2は I と t の関係をグラフにしたものである。電流が負の値を示しているのは，電車のモーターを発電機にして運動エネルギーを電気エネルギーに変換しているためである。A駅とB駅の間の線路は，地図上では直線である。車両全体の質量は $3.0×10^4$ kg であり，重力加速度の大きさを 9.8 m/s^2 とする。

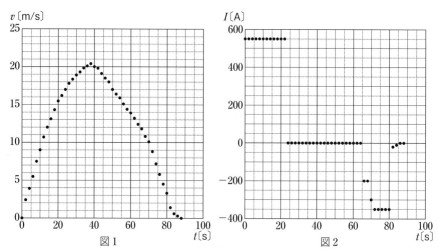

図1   図2

(1)　$t=0$s から $t=20$s の間，等加速度直線運動をしているとみなしたとき，加速度の大きさは，およそ何 m/s^2 か。最も適当な数値を，次の①〜⑥のうちから一つ選べ。

① 0　　　② 0.4　　　③ 0.8

④ 1.2　　　⑤ 1.6　　　⑥ 2.0

(2)　この電車がA駅からB駅まで走った距離を図1の $v-t$ グラフから求めると，およそ何mか。最も適当な数値を，次の①〜⑤のうちから一つ選べ。

① 600　　　② 1100　　　③ 1700　　　④ 2500　　　⑤ 3500

(3)　$t=0$s から $t=20$s の間で，電圧 V は 600V でほぼ一定であった。この間の，電車のモーターが消費した電力量は，およそ何Jか。最も適当な数値を，次の①〜⑥のうちから一つ選べ。

① $3×10^5$　　　② $5×10^5$　　　③ $7×10^5$

④ $3×10^6$　　　⑤ $5×10^6$　　　⑥ $7×10^6$

(4)　$t=40$s から $t=60$s の区間で，電車は勾配のある線路上を運動していた。摩擦や空気抵抗の影響を無視し，力学的エネルギーが保存されるものとすると，この区間の高低差はおよそ何mか。最も適当な数値を，次の①〜⑤のうちから一つ選べ。

① 1　　　② 5　　　③ 10　　　④ 20　　　⑤ 30

(21. 共通テスト第2日程　改)

4 熱量の保存 次の文章中の空欄 ア ・ イ に入れる語句および数値の組合せとして最も適当なものを，下の①～⑥のうちから一つ選べ。

アルミニウムの比熱（比熱容量）が 0.90 J/(g·K) であることを確認する実験をしたい。図 a のように温度 $T_1 = 42.0℃$，質量 100 g のアルミニウム球を，温度 $T_2 = 20.0℃$，質量 M の水の中に入れ，図 b のように，アルミニウム球と水が同じ温度になったとき，水の温度 T_3 を測定する。水の質量 M が ア なるほど，温度上昇 $T_3 - T_2$ が小さくなる。

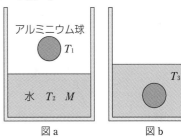

アルミニウム球 T_1

水 T_2 M

T_3

図 a　　　　　図 b

温度上昇 $T_3 - T_2$ が $1.0℃$ になるようにするためには，$M =$ イ g としなければならない。ただし，水の比熱は 4.2 J/(g·K) であり，熱はアルミニウム球と水の間だけで移動し，水およびアルミニウムの比熱は温度によらず一定とする。

	①	②	③	④	⑤	⑥
ア	大きく	大きく	大きく	小さく	小さく	小さく
イ	450	500	630	450	500	630

(21. 共通テスト第 2 日程　改)

5 熱と温度 プールから帰ってきた A さんが，同級生の B さんと熱に関する会話を交わしている。次の会話文を読み，下線部に誤りを含むものを①～⑤のうちから二つ選べ。

A さん：プールで泳ぐのはすごくいい運動になるよね。ちょっと泳いだだけでヘトヘトだよ。水中で手足を動かすのに使ったエネルギーは，いったいどこにいってしまうんだろう？

B さん：水の流れや体が進む運動エネルギーもあるし，①手足が水にした仕事で，その水の温度が少し上昇するぶんもあると思うよ。仕事は，②熱エネルギーになってしまうと，その一部でも仕事に変えられないんだったね。

A さん：物理基礎の授業で，熱が関係するような現象は不可逆変化だって習ったよ。でも，③不可逆変化のときでも熱エネルギーを含めたすべてのエネルギーの総和は保存されているんだよね。

B さん：授業で，物体の温度は熱運動と関係しているっていうことも習ったよね。たとえば，④ 1 気圧のもとで水の温度を上げていったとき，水分子の熱運動が激しくなって，やがて沸騰するわけだね。

A さん：それじゃ逆に温度を下げたら，熱運動は穏やかになるんだね。冷凍庫の中の温度は $-20℃$ とか，業務用だともっと低いらしいよ。太陽から遠く離れた惑星の表面温度なんて，きっとものすごく低いんだろうね。

B さん：そうだね。天王星とか，海王星の表面だと $-200℃$ より低い温度らしいね。もっと遠くでは，⑤ $-300℃$ よりも低い温度になることもあるはずだ。そんなところじゃ，宇宙服を着ないと，すぐに凍ってしまうね。 (21. 共通テスト　改)

思考 **実験**

6 **音の波形** クラシックギターの音の波形をオシロスコープで観察したところ，図1のような波形が観測された。図1の横軸は時間，縦軸は電気信号の電圧を表している。また，表1は音階と振動数の関係を示している。

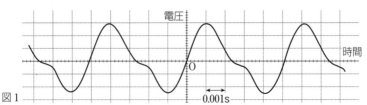

図1

表1

音階	ド	レ	ミ	ファ	ソ	ラ	シ
振動数	131 Hz	147 Hz	165 Hz	175 Hz	196 Hz	220 Hz	247 Hz
	262 Hz	294 Hz	330 Hz	349 Hz	392 Hz	440 Hz	494 Hz

(1) 図1の波形の音の周期は何 s か。最も適当な数値を次の①～④のうちから1つ選べ。

① 0.0023　　② 0.0028　　③ 0.0051　　④ 0.0076

(2) 表1をもとにして，この音の音階として最も適当なものを次の①～⑦から1つ選べ。

① ド　② レ　③ ミ　④ ファ　⑤ ソ　⑥ ラ　⑦ シ

(3) 図1の波形には，基本音だけでなく，2倍音や3倍音などたくさんの倍音が含まれている。ここでは，図2に示す基本音と2倍音のみについて考える。基本音と2倍音の混ざった波形として最も適当なものを，次の①～④のうちから1つ選べ。ただし，図2の目盛りと解答群の図の目盛りは同じとする。

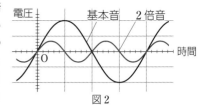

図2

①

③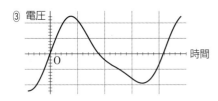

②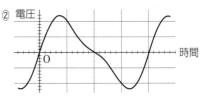

④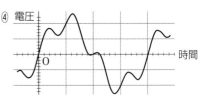

(21．共通テスト　改)

思考

7 弦の振動 ■ 振動源に弦の一端を固定して，他端におもりを取りつけ，滑車を通しておもりをつるす(図1)。振動源は一定の振動数 50 Hz で振動する。弦の質量は，おもりの質量に比べて十分に軽いため，無視でき，おもりにはたらく重力の大きさは弦の張力の大きさに等しいものとする。弦を伝わる横波の速さ v は，弦の張力の大きさを T とすると，$\sqrt{T}$ に比例することが知られている。

振動源を振動させ，振動源と滑車の間の距離を調節したところ，図1のような横波の定常波が観察された。実線は，ある瞬間の弦の状態，破線はその 1/2 周期後の状態を示している。隣りあう節と節の間隔は 30 cm であった。

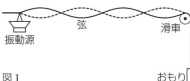

図1

(1) 定常波の波長は何 cm か。最も適当なものを，次の①〜⑧のうちから一つ選べ。

① 15 cm ② 30 cm ③ 45 cm ④ 60 cm
⑤ 75 cm ⑥ 90 cm ⑦ 105 cm ⑧ 120 cm

(2) 振動源を図の左方に 15 cm だけ移動させ，振動源と滑車の間の距離を大きくした。このとき，観察される波はどのようになるか。最も適当なものを，次の①〜④のうちから一つ選べ。

① 隣りあう節と節の間隔は大きくなって，図1と同様に，腹が4つの定常波が観察される。

② 隣りあう節と節の間隔は変化せず，振動源の位置が腹，滑車の位置が節の定常波が観察される。

③ 隣りあう節と節の間隔は変化せず，振動源と滑車の位置がともに腹となる定常波が観察される。

④ はっきりした定常波が観察されなくなる。

次に，おもりの数を1個ずつ増やしながら振動源の位置を調節して弦の長さを変化させ，各場合で定常波をつくり，隣りあう節と節の間隔を測定して波長 λ を求める。

(3) 弦の張力の大きさ T と波長 λ の関係を調べるために，グラフを描くことにした。グラフの横軸をおもりの個数にしたとき，縦軸の物理量をどのように選べば，T と λ との関係を確認しやすいか。最も適当なものを，次の①〜④のうちから一つ選べ。

① 波長 ② 波長の2乗 ③ 波長の逆数 ④ 波長の平方根

(4) おもりの数を1個にして，振動源を再び図1の位置にもどすと，弦には腹が4つの定常波ができた。この状態から，おもりの個数を4個にしたとき，観察される波形として最も適当なものを，次の①〜⑦のうちから一つ選べ。

①  ②

③  ④

⑤ ⑥

⑦ 定常波はできない。

思考 **実験**

8 **電流計による測定** ■ オームの法則を確かめるために，図1のような回路で抵抗に電圧を加え，流れる電流を電流計で測定した。

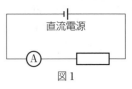

図1

(1) 電流計の端子に図2のように導線を接続して，図1の回路の抵抗にある電圧を加えたところ，電流計の針が振れて図3の位置で静止した。最小目盛りの $\frac{1}{10}$ まで読み取るとして，電流計の読み取り値として最も適当なものを，次の①〜⑨のうちから一つ選べ。

① 0.02 A ② 0.2 A ③ 2 A ④ 0.021 A ⑤ 0.21 A
⑥ 2.1 A ⑦ 0.0207 A ⑧ 0.207 A ⑨ 2.07 A

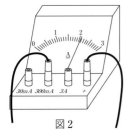

図2

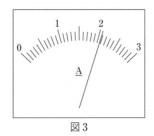

図3

(2) 抵抗に加える電圧を 2 V から 40 V まで 2 V ずつ変えながら電流を測定して，図4のようなグラフを得た。黒丸は測定点である。測定のとき，電流計の針が振り切れず，かつ，電流がより正確に読み取れるように電流計の 30 mA，300 mA，3 A の端子を選んだ。図4の各測定点の電流値を読み取ったとき，どの端子を使っていたか。各端子で測定したときに加えていた電圧の組合せとして最も適当なものを，下の①〜⑥から一つ選べ。

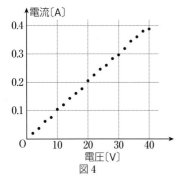

図4

	30 mA 端子	300 mA 端子	3 A 端子
①	2 V	4〜30 V	32〜40 V
②	2 V	4〜18 V	20〜40 V
③	2〜8 V	10〜40 V	使わない
④	2〜8 V	10〜30 V	32〜40 V
⑤	2〜8 V	10〜18 V	20〜40 V
⑥	使わない	2〜30 V	32〜40 V

(3) 図4のように，測定された電流は加えた電圧にほぼ比例するので，オームの法則が成り立っていることがわかる。このグラフから得られる抵抗値として最も適当なものを，次の①〜⑤のうちから一つ選べ。

① 0.01 Ω ② 0.1 Ω ③ 1 Ω ④ 10 Ω ⑤ 100 Ω

(21. 共通テスト第 2 日程 改)

9 送電と変圧器 発電所から家庭までの送電について調べたところ，図1に示すようなしくみで送電されていることがわかった。発電所から送電線に電力を送り出す際の交流電圧を V，送電線を流れる交流電流を I，送電線の抵抗を r とする。ただし，V や I は交流の電圧計や電流計が表示する電圧，電流であり，これらを使うと交流でも直流と同様に消費電力を計算できるものとする。

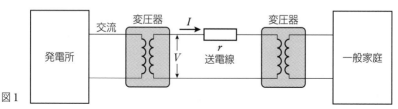

図1

(1) 次の文章中の空欄 　1　・　2　 に入れる値として最も適当なものを，それぞれの直後の{ }で囲んだ選択肢のうちから一つずつ選べ。

発電所から電力を送り出すとき，送電線の抵抗 r によって生じる電力損失（発熱による損失）を小さく抑えたい。たとえば，この電力損失を 10^{-6} 倍にするためには，I を 　1　{① 10^{-6}　② 10^{-3}　③ 10^{3}　④ 10^{6}}倍にすればよい。このとき，発電所から同じ電力を送り出すためには，V を 　2　{① 10^{-6}　② 10^{-3}　③ 10^{3}　④ 10^{6}}倍にしなければならない。

発電所で発電された交流の電圧は，変圧器によって異なる電圧に変換される。図2は変圧器の基本構造の模式図である。

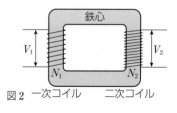

図2　一次コイル　二次コイル

(2) 次の文章中の空欄 　ア　・　イ　 に入れる語句と式の組合せとして最も適当なものを，次の①～⑧のうちから一つ選べ。

変圧器の一次コイルに交流電流を流すと，鉄心の中に変動する磁場が発生し，　ア　によって二次コイルに変動する電圧が発生する。理想的な変圧器では，変圧器への入力電圧が V_1 であるとき，変圧器からの出力電圧 V_2 は，一次コイルの巻き数を N_1，二次コイルの巻き数を N_2 とすると，$V_2 =$ 　イ　 で表される。

	ア	イ		ア	イ
①	右ねじの法則	$\sqrt{\dfrac{N_2}{N_1}}V_1$	⑤	電磁誘導	$\sqrt{\dfrac{N_2}{N_1}}V_1$
②	右ねじの法則	$\dfrac{N_2}{N_1}V_1$	⑥	電磁誘導	$\dfrac{N_2}{N_1}V_1$
③	右ねじの法則	$\sqrt{\dfrac{N_1}{N_2}}V_1$	⑦	電磁誘導	$\sqrt{\dfrac{N_1}{N_2}}V_1$
④	右ねじの法則	$\dfrac{N_1}{N_2}V_1$	⑧	電磁誘導	$\dfrac{N_1}{N_2}V_1$

(23. 共通テスト　改)

論述の要領

①論理の流れが正確に伝わるように，キーワードとなる語句や接続詞などを適切に用いる。

②必要な物理量の記号が問題文で与えられていないときは，定義して用いる。

③法則や公式を用いるときは，「〜の法則から」のように法則名などを明記する。

④途中計算を逐一示す必要はなく，流れがわかるように要点を示せばよい。

第 1 章 運動とエネルギー

思考 記述

1 速度の大きさと速さ　速度は，速さと運動の向きをあわせた量といわれる。ある生徒は，「速度の大きさが速さである」という説明に対して，「瞬間の速度の大きさは瞬間の速さに等しい」といえるが，「平均の速度の大きさは平均の速さに等しい」とはいえないと考えた。この考えは正しいか，正しくないか。理由とともに答えよ。

思考 記述

2 質量と重さ　ある物体の質量と重さを，地球上と月面上でそれぞれ測定することを考えよう。質量と重さのそれぞれの測定結果は，地球上と月面上で等しいか，等しくないか。理由とともに答えよ。

思考 記述

3 大人と子供の押しあい　図のように，粗い水平面上で大人と子供が押しあいをしたところ，2人とも動かなかった。このとき，水平方向には，2人に図に示したような力が矢印の向きにはたらいていた。力の大きさ F_1，F_2，f_1，f_2 の大小関係はどのようになるか。理由とともに答えよ。

思考 記述

4 連通管　図のように，断面積が S のシリンダーAと，断面積が $4S$ のシリンダーBの底をパイプでつないだ連通管に水を入れ，両方の水面上に軽いピストン A，Bをそれぞれ置くと，ピストンの高さは同じになった。ピストンは，シリンダーの内面にすき間なくなめらかに接しており，水はピストンとシリンダーの間から漏れないものとする。この状態から，ピストンAに質量 m のおもりをのせた。ピストン A，Bの高さを同じに保つためには，ピストンBに質量がいくらのおもりをのせればよいか。その答えをどのように導いたのかも簡潔に述べよ。

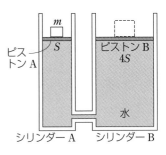

思考 **記述**

5 **浮沈子** 魚の形をしたタレびんを使って浮沈子をつくる。

①タレびんのキャップをとり，口の部分にナットをはめる。

②ペットボトルに水を入れ，ナット部分を下にしてタレびんを水に浮かべ，尾の部分が少しだけ水面から出るように調節する。このとき，タレびんの口は開いており，水が出入りできるようになっている。

③ペットボトルに水を満たし，ペットボトルのふたを閉める。

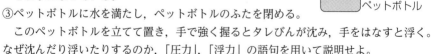

このペットボトルを立てて置き，手で強く握るとタレびんが沈み，手をはなすと浮く。なぜ沈んだり浮いたりするのか，「圧力」，「浮力」の語句を用いて説明せよ。

思考 **記述**

6 **力学的エネルギー保存の法則** 軽くてなめらかにまわる滑車を天井からつるし，滑車に軽い糸をかけ，その両端に質量の異なる物体 A，B を取りつける。糸が張った状態で A，B を支え，静かに支えをとると，A は上昇し，B は下降して，やがてBは床についた。物体Bが床につく直前の速さを求めたい。ある生徒は，その方法として，物体 A，B をまとめると力学的エネルギー保存の法則が成り立つことを利用すればよいと考えた。下線部の考えは正しいか，正しくないか。理由とともに答えよ。

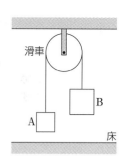

 第Ⅱ章 **熱**

思考 **記述**

7 **温まりやすさと冷めやすさ** 同じような形状をしたアルミニウム製の鍋と鉄製の鍋がある。これらを比べると，アルミニウム製の鍋の方が，鉄製の鍋よりも温まりやすく，冷めやすいことがわかった。このことからいえることを，「熱容量」，または「比熱」の語句を用いて30字以内で述べよ。

思考 **記述** **実験**

8 **比熱の測定** 次のような比熱の測定実験を行った。

実験 周囲を断熱材で囲んだ熱量計に水を入れ，しばらく放置して，水温を測定する。沸騰した湯の中で100℃に熱したアルミニウム球を熱量計の中に移し，静かにかき混ぜ，全体の温度 t[℃]を測定した。

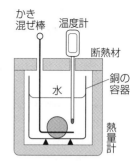

計算 水，銅の容器と銅のかき混ぜ棒の質量，アルミニウム球の質量，および水と銅の比熱はわかっており，温度計の熱容量は無視できるものとして，測定した全体の温度 t[℃]を用いてアルミニウムの比熱を計算した。

この実験で，アルミニウム球を湯から熱量計の中に移すときに少し手間取ってしまった。実験を理想的に行った場合と比べて，測定から求めた比熱は，大きくなるか，小さくなるか。簡潔に説明せよ。

思考 **記述**
9 **波** 水面に小石を投げこむと，波紋が広がる。この
とき，水面に浮かぶ木の葉は，波紋の通過によってほ
ぼ上下にゆれるだけで，波紋とともに移動することは
ない。波の特徴を踏まえ，その理由を簡潔に説明せよ。

思考 **記述**
10 **波の性質** 図1，2は，直線上を互いに逆向きに進
むパルス波のようすを表している。それぞれの図の状
態から時間が経過したとき，パルス波はどのようにな
るか。「重ねあわせの原理」，「波の独立性」の語句を用
いて，簡潔に説明せよ。

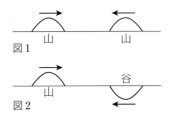

図1

図2

思考 **記述**
11 **うなり** 振動数が f_1〔Hz〕のおんさと，振動数が f_2
〔Hz〕のおんさを同時に鳴らすと，1秒間あたりに f
回のうなりが観測された。f は，f_1 と f_2 を用いてどの
ような式で表されるか。うなりの周期 T〔s〕を用いて，
式を導け。

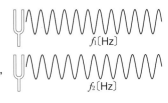

f_1〔Hz〕

f_2〔Hz〕

思考 **記述**
12 **弦の固有振動** 振動数を調節できる振動源に軽い弦
をとりつけ，滑車を通して他端におもりをつるした。
振動源の振動数を 100 Hz にしたところ，図のような定
常波が観測された。振動源の振動数を 150 Hz，200 Hz，
300 Hz と変化させたとき，弦の振動のようすはそれぞ
れどのようになるか説明せよ。

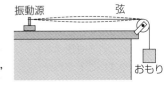

振動源　　　　　　　　　弦

おもり

思考 **記述**
13 **気柱の固有振動** 一端が閉じ，他端が開いた管を閉
管という。閉管の長さを L，音速を V とするとき，閉
管に生じる定常波の固有振動数 f は，L，V と自然数
n を用いてどのような式で表されるか。式を導け。た
だし，開口端補正はないものとする。

L

思考 **記述**
14 **気柱の密度** 図は，開管内に生じた縦波の定常波を，
横波のように表したものである。A～Eの各点におけ
る媒質の密度は，時間の経過によってどのように変化
しているか。簡潔に説明せよ。ただし，開口端補正は
ないものとする。

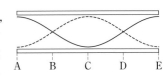

A　　B　　C　　D　　E

15 帯電のしくみ 物体が帯電するしくみについて考える。塩化ビニル管をティッシュペーパーでこすると，塩化ビニル管は負，ティッシュペーパーは正に帯電する。はじめに両者は帯電していなかったとすると，どのように帯電したか。「電子」,「移動」の語句を用いて説明せよ。

16 豆電球の抵抗 図は，ある豆電球に加える電圧を変化させたときの，豆電球を流れる電流を調べたグラフである。

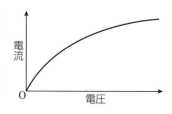

(1) このグラフを用いて，豆電球に加わる電圧が大きいほど，豆電球の抵抗が大きくなることを簡潔に説明せよ。

(2) 豆電球に加わる電圧が大きいほど，豆電球の抵抗が大きくなることを，「原子の熱運動」,「自由電子」の語句を用いて説明せよ。

17 抵抗の消費電力 図のように，抵抗Aと抵抗Bを並列，直列にそれぞれ接続し，電源につないで電流を流す。抵抗Aの抵抗値は，抵抗Bの抵抗値よりも大きいとする。このとき，並列に接

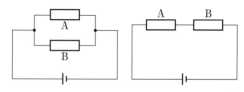

続した場合では抵抗Bの消費電力の方が大きく，直列に接続した場合では抵抗Aの消費電力の方が大きい。その理由を説明せよ。

18 電磁誘導 図のように，検流計につないだコイルに，棒磁石のN極を近づけたところ，検流計の針が＋側に振れた。図と同じ状態において，棒磁石を動かさずにコイルを棒磁石のN極に近づけたとき，検流計の針は，＋側，－側のどちらに振れるか。理由とともに答えよ。

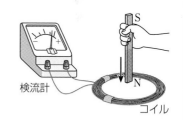

検流計

コイル

19 変圧器 図は，変圧器の構造を示したものである。交流は，変圧器の一次コイルと二次コイルの巻数の比に応じて，電圧を変えることができる。このことを学習したAさんは，一次コイルと二次コイルは導線でつながっていないにもかかわらず，二次コイルから交流電圧を得ることができることに疑問をもった。Aさんにわかりやすく説明せよ。

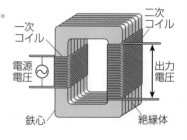

1. (1) 10^9　(2) 10^{-1}　(3) 10^6　(4) 10^{18}
　　(5) 10^8　(6) 10^{-6}

2. (1) 2桁　(2) 3桁　(3) 2桁　(4) 4桁
　　(5) 2桁　(6) 3桁

3. (1) $2.998×10^3$　(2) $2.998×10^2$　(3) $3.0×10$
　　(4) $3.0×10^{-1}$　(5) $3.0×10^{-3}$　(6) $3.0×10^{-3}$

4. (1) 2桁：$9.8×10^0$，　3桁：$9.81×10^0$
　　(2) 2桁：$3.0×10^8$，　3桁：$3.00×10^8$
　　(3) 2桁：$1.7×10^{-4}$，　3桁：$1.66×10^{-4}$

5. (1) 4.2　(2) 8.7　(3) 13.0　(4) 3.6
　　(5) 3.4　(6) 8　(7) 6.0　(8) 3.8
　　(9) 3.7　(10) 0.67　(11) 0.67　(12) 1.9

6. (1) 9.4　(2) 5.66　(3) 1.7

7. (1) $5.7×10^2$　(2) $3.2×10^4$　(3) $2.7×10^{-4}$
　　(4) $3.47×10^6$　(5) $1.5×10^8$　(6) $8.3×10^{-3}$
　　(7) $6.0×10^3$　(8) $5.0×10^6$

8. 周囲の長さ：①，面積：④

9. 0.50m/s

10. 4.8m/s

11. (1) 4.0m/s　(2) 2.0m/s　(3) 75s
　　(4) 2.7m/s

12. x方向：17m/s，
　　y方向：10m/s

13. 南向きに 5 m/s

14. 25m/s

15. 8.7m/s

16. (1)(2) 略　(3) 2.0m/s^2

17. (1) 1.2m/s^2　(2) 2.0m/s^2

18. (1) 1.0m/s^2　(2) 42m

19. (1) -5.0m/s^2　(2) 2.0s　(3) 10m　(4) 略

20. (1) 右向きに 1.0m/s^2　(2) 2.0s

21. 略

22. (1) 24m　(2)(3) 略

23. (1) $\sqrt{3}\,v$　(2) 時間：$\dfrac{L}{\sqrt{3}\,v}$，距離：$\dfrac{L}{\sqrt{3}}$
　　(3) $\dfrac{L}{\sqrt{2}\,v}$

24. (1) 10.0s　(2) -6.0m/s
　　(3) A：60.0m，B：45m　(4) 略

25. (1) 高度：3.0km，水平距離：30km
　　(2) 4.0km　(3) $1.1×10^2$km

26. (1) $T-\dfrac{3v}{a}$ 〔s〕，$vT-\dfrac{3v^2}{a}$ 〔m〕
　　(2) $vT-\dfrac{3v^2}{2a}$ 〔m〕　(3) $\dfrac{aT}{6}$ 〔m/s〕

27. (1) 4.0s　(2) 12m　(3) 8.0s　(4) 略

28. (1) $1.1×10^2$m　(2) 22m/s

29. 39m/s，78m

30. 3.0s，29m/s

31. (1) $\sqrt{\dfrac{2h}{g}}$ 〔s〕　(2) $\sqrt{\dfrac{h}{g}}$ 〔s〕
　　(3) $(\sqrt{2}-1)\sqrt{\dfrac{h}{g}}$ 〔s〕

32. (1) 2.0s後　(2) 29m/s　(3) 22m/s

33. ②

34. $\sqrt{{v_0}^2-2gh}$

35. (1) 1.0s後，3.0s後　(2) 2.0s　(3) 20m
　　(4) 4.0s，鉛直下向きに 20m/s

36. (1) 6.0s　(2) 34m/s　(3) 60m

37. (1) 2.0s　(2) 20m/s　(3) 20m，最高点の高さ
　　(4) 略

38. 59m

39. (1) 5.0s後　(2) 39m/s

40. (1) 14m/s　(2) 4.0s　(3) 39m

41. (1) 2.0s，20m
　　(2) 水平：10m/s，鉛直：20m/s　(3) 40m

42. (1) $V_x=V_0\cos\theta$，$V_y=V_0\sin\theta$
　　(2) $v_x=V_0\cos\theta$，$v_y=V_0\sin\theta-gt$
　　(3) $x=V_0t\cos\theta$，$y=V_0t\sin\theta-\dfrac{1}{2}gt^2$
　　(4) $t_1=\dfrac{V_0\sin\theta}{g}$，$x_1=\dfrac{{V_0}^2\sin2\theta}{2g}$，
　　　　$y_1=\dfrac{{V_0}^2\sin^2\theta}{2g}$　(5) $t_2=\dfrac{2V_0\sin\theta}{g}$，
　　　　$x_2=\dfrac{{V_0}^2\sin2\theta}{g}$，$y_2=0$

43. (1) 4.0s後　(2) 2.0s後

44. (1) A：$h-\dfrac{1}{2}g{t_1}^2$，B：$v_0t_1-\dfrac{1}{2}g{t_1}^2$
　　(2) $\dfrac{h}{v_0}$　(3) $h-\dfrac{gh^2}{2{v_0}^2}$　(4) $v_0>\sqrt{\dfrac{gh}{2}}$

45. (1) 2.8m　(2) 鉛直上向きに 7.7m/s
　　(3) 鉛直下向きに 4.9m/s

46. (1) 自由落下するように見える
　　(2) $1.2×10^2$m　(3) $1.0×10^2$m

47. (1) 1.0s後　(2) 4.9m　(3) 10m

48. 距離：$\dfrac{4v^2}{3g}$，時間：$\dfrac{2\sqrt{3}\,v}{3g}$

49. (1) $\dfrac{L}{v_0\cos\theta}$　(2) 45°　(3) $v_0>\sqrt{gL}$

50. (1) $\sin\theta=\dfrac{1}{2}$，$\cos\theta=\dfrac{\sqrt{3}}{2}$，$\tan\theta=\dfrac{1}{\sqrt{3}}$
　　(2) $\sin\theta=\dfrac{1}{\sqrt{2}}$，$\cos\theta=\dfrac{1}{\sqrt{2}}$，$\tan\theta=1$
　　(3) $\sin\theta=\dfrac{3}{5}$，$\cos\theta=\dfrac{4}{5}$，$\tan\theta=\dfrac{3}{4}$
　　(4) $\sin\theta=\dfrac{5}{13}$，$\cos\theta=\dfrac{12}{13}$，$\tan\theta=\dfrac{5}{12}$
　　(5) $\sin\theta=\dfrac{4}{5}$，$\cos\theta=\dfrac{3}{5}$，$\tan\theta=\dfrac{4}{3}$
　　(6) $\sin\theta=\dfrac{12}{13}$，$\cos\theta=\dfrac{5}{13}$，$\tan\theta=\dfrac{12}{5}$

51. (1) 5cm　(2) $5\sqrt{3}$ cm　(3) $5\sqrt{2}$ cm
　　(4) $a\cos\theta$〔cm〕　(5) $a\sin\theta$〔cm〕
　　(6) $a\cos\theta$〔cm〕

52～54. 略

55. (1) x：4，y：3　(2) x：-2，y：3
　　(3) x：-3，y：-5

56. (1) x：$3\sqrt{3}$，y：3
　　(2) x：$-5\sqrt{2}$，y：$5\sqrt{2}$

(3) $x:6$,　$y:-6\sqrt{3}$
(4) $x:-4\sqrt{2}$,　$y:-4\sqrt{2}$
(5) $x:4\cos\theta$,　$y:4\sin\theta$
(6) $x:-7\cos\theta$,　$y:7\sin\theta$

57. (1) 30kg　(2) 30kg　(3) 49N
58. 9.8N
59. (1) 1.0×10^{3}N/m　(2) 0.249m
60. (1) 略　(2) 49N/m
61. (1) $\vec{F_1}=(0\,\mathrm{N},\ 4.0\,\mathrm{N})$,　$\vec{F_2}=(-1.0\,\mathrm{N},\ 0\,\mathrm{N})$
　　$\vec{F_3}=(4.0\,\mathrm{N},\ 0\,\mathrm{N})$,　$\vec{F_4}=(2.0\,\mathrm{N},\ 3.5\,\mathrm{N})$
　　$\vec{F_5}=(-6.0\,\mathrm{N},\ 0\,\mathrm{N})$,　$\vec{F_6}=(2.0\,\mathrm{N},\ 0\,\mathrm{N})$
　(2) (a) $x:3.0$N,　$y:4.0$N
　　　(b) $x:-2.0$N,　$y:3.5$N
　(3) (a) 5.0N　(b) 4.0N
62. (1) $\vec{F_1}=(3.0\,\mathrm{N},\ 4.0\,\mathrm{N})$
　　$\vec{F_2}=(-4.0\,\mathrm{N},\ 2.0\,\mathrm{N})$
　　$\vec{F_3}=(-3.0\,\mathrm{N},\ -2.0\,\mathrm{N})$
　　$\vec{F_4}=(3.0\,\mathrm{N},\ -3.0\,\mathrm{N})$
　(2) $x:-1.0$N,　$y:1.0$N
　(3) $x:1.0$N,　$y:-1.0$N　(4) 1.4N
63. (1) $x:30$N,　$y:40$N
　(2) $x:25$N,　$y:43$N
64. (1) 4.9N　(2) 4.9N　(3) 0.120m
65. (1) 糸1:10N,　糸2:10N
　(2) 糸1:8.7N,　糸2:5.0N
　(3) 糸1:14N,　糸2:10N
66. (1) $mg\sin\theta$　(2) $\dfrac{mg\sin\theta}{k}$
67. (1) $\dfrac{mg}{2}$　(2) $\dfrac{m}{2}$
68. (1) 1.0×10^{2}N/m　(2) 10kg　(3) 49N
69. (1) 9.0N　(2) 12.0N　(3) 6.0N　(4) 9.0N
70. (1) 略
　(3) AがBから受ける力と，BがAから受ける力
71. 略
72. (1) 張力:9.8N,　垂直抗力:20N
　(2) 張力:20N,　垂直抗力:9.8N　(3) 2.0kg
73. (1) A:0.12m,　B:0.12m
　(2) A:0.30m,　B:0.20m
74. P:オ,　Q:オ,　S:オ
75. (1) $3mg$　(2) $2mg$　(3) $6mg$
76. (1) $x_{\mathrm{B}}=\dfrac{m_2g-F}{k_2}$ [m]，
　　$x_{\mathrm{A}}=\dfrac{(m_1+m_2)g-F}{k_1}$ [m]
　(2) $\dfrac{(m_1+m_2)g}{k_1}$ [m]
77. (1) 5.9×10^{2}N　(2) 2.9×10^{2}N　(3) 19kg
78. $\dfrac{1}{\sqrt{2}}$倍
79. 張力:$\dfrac{mg\sin\theta}{\sin(\alpha+\theta)}$，垂直抗力:$\dfrac{mg\sin\alpha}{\sin(\alpha+\theta)}$
80. イ
81. 等速直線運動をする
82. (1) 右向きに 2.5m/s²　(2) 8.0kg
83. 進む向きと逆向きに 2.0×10^{3}N
84. (1) 右向きに 2.5m/s²　(2) 左向きに 0.50m/s²

85. (1) 55N　(2) 35N
86. 略
87. 5.0m/s², 20N
88. (1) $a=1.4$m/s², $T=34$N
　(2) 2.0s, 2.8m/s
89. (1) $mg\sin\theta$　(2) $m(g\sin\theta+a)$
　(3) $m(g\sin\theta-a)$
90. (1) $\dfrac{F}{M+m}-g$　(2) $\dfrac{mF}{M+m}$
　(3) 鉛直上向きに加速しているとき
91. (1) 4.0N　(2) 6N
92. (1) 下降する　(2) 1.4m/s², 50N
　(3) 静止したまま
93. 0.75
94. (1) 左向きに 4.0m/s²
　(2) 50m　(3) 40N, 0.41
95. (1) 斜面下向きに $\dfrac{1-\sqrt{3}\,\mu'}{2}g$
　(2) 斜面下向きに $\dfrac{1+\sqrt{3}\,\mu'}{2}g$
96. (1) f　(2) $\mu'Mg$
　(3) $a=\dfrac{F-\mu'Mg}{M+m}$，$T=m\dfrac{F-\mu'Mg}{M+m}$
97. (1) 9.8×10^{-2}N　(2) 0.69N
98. (1) $\rho_{\mathrm{w}}V_{\mathrm{w}}g$　(2) $\dfrac{\rho_{\mathrm{w}}-\rho}{\rho_{\mathrm{w}}}V$　(3) 8.0%
99. (1) ρL^3g　(2) $\rho_0 L^3g$
　(3) 鉛直上向きに $\dfrac{\rho_0-\rho}{\rho}g$
100. (1) 6.0×10^{2}N　(2) 2.2m/s²
101. (1) g [m/s]　(2) $g-\dfrac{kv_1}{m}$ [m/s²]　(3) 略

102～109. 略
110. (1) 0.50m/s², 右向き　(2) 1.0m/s², 左向き
111. (1) 5.5N　(2) 4.3N　(3) 0N
112. 4.9m/s², 鉛直下向き
113. 1.2m/s², 1.8N
114. 加速度:$\dfrac{f}{M+m}$，張力:$\dfrac{mf}{M+m}$
115. 3.5m/s², 32N
116. (1) A:$ma=F-T-mg$，
　　B:$3ma=T-3mg$
　(2) $a:\dfrac{F}{4m}-g$，$T:\dfrac{3}{4}F$
117. 加速度:$\dfrac{M-m}{M+m}g$，張力:$\dfrac{2Mm}{M+m}g$
118. 2.0m/s², 左向き
119. 2.5m/s²
120. 加速度:$\dfrac{M-m(\sin\theta+\mu'\cos\theta)}{M+m}g$
　　張力:$\dfrac{(1+\sin\theta+\mu'\cos\theta)Mmg}{M+m}$
121. (1) $\dfrac{f}{mg}=\dfrac{\mu}{\sin\theta-\mu\cos\theta}$
　(2) $\tan\theta\leqq\mu$
122. (1) $0.35mg$　(2) 加速度:$0.10g$，

AB 間の張力：$0.90\,mg$,
BC 間の張力：$0.45\,mg$

123. (1) 加速度：$\dfrac{F}{m+w+M}$

棒の左端：$\dfrac{mF}{m+w+M}$

棒の右端：$\dfrac{(m+w)F}{m+w+M}$

(2) $\dfrac{(ml+dw)F}{l(m+w+M)}$

124. (1) A：$\mu'mg$, 左向き　B：$\mu'mg$, 右向き

(2) A：$\mu'g$, 左向き　B：$\dfrac{\mu'm}{M}g$, 右向き

125. (1) 加速度：$\dfrac{m}{M+m}g$,

ひもが引く力：$\dfrac{Mm}{M+m}g$

(2) $\dfrac{m_1}{M}$　(3) $\dfrac{m_2g-(M+m_2)a_2}{Mg}$

126. (1) $a_A=\dfrac{1}{2}a_B$

(2) a_A：$\dfrac{5}{13}g$, a_B：$\dfrac{10}{13}g$, 張力：$\dfrac{9}{13}mg$

(3) $\sqrt{\dfrac{13h}{5g}}$

127. (1) $p_0+\dfrac{M_Ag}{S_A}+\rho y_2g$[Pa]，$p_0+\rho(y_1+y_2)g$[Pa]

(2) $\rho y_1 S_A$[kg]　(3) $\dfrac{S_B}{S_A}M_A$[kg]

128. (1) $\left(\dfrac{\rho_0}{\rho}-1\right)g-\dfrac{3kv}{4\pi r^2\rho}$　(2) $\dfrac{4\pi r^2}{3k}(\rho-\rho_0)g$

(3) 略　(4) $t_{OP}<t_{OP'}=t_{P'O}<t_{PO}$

129. 35J　　　　　　　**130.** 2.0m, 2.9×10^2J
131. 4.0m³　　　　　　**132.** 20W
133. (1) 4.0N　(2) 40W　(3) 15m/s
134. (1) 5.0×10^3N　(2) 40m
135. 20m
136. (1) 2.0×10^2N　(2) 2.0×10^3J

(3) 2.0×10^3J

137. (1) 3.9×10^2J　(2) 0 J　(3) -4.9×10^2J
138. (1) 5.0×10^{-2}J　(2) 0.15J
139. (1) $\dfrac{1}{2}mv_0^2+mgh$[J]

(2) $\dfrac{1}{2}mv_0^2+mgy$[J]

(3) $\dfrac{1}{2}mv_0^2+mgh$[J]

140. (1) ②　(2) ③　(3) ⑤
141. (1) 運動エネルギー：$\dfrac{1}{2}mv_0^2$[J]

位置エネルギー：mgH[J]

(2) $\sqrt{v_0^2+2g(H-h)}$[m/s]

(3) $\sqrt{v_0^2+2gH}$[m/s]

142. (1) 2.0m/s　(2) 1.4m/s　(3) 90°
143. (1) 7.0m/s　(2) 10m　(3) 変化しない
144. (1) $\sqrt{2g(h_1-h_2)}$　(2) $\dfrac{1}{2}mg(h_1-h_2)$

(3) $\dfrac{h_1+h_2}{2}$

145. (1) -9.8J　(2) 2.0m/s
146. (1) $\dfrac{1}{2}kx^2$　(2) $\sqrt{v_0^2-\dfrac{k}{m}x^2}$　(3) $\sqrt{\dfrac{m}{k}}\,v_0$
147. (1) $\sqrt{\dfrac{k}{m}}L$　(2) $\dfrac{kL^2}{2\mu'mg}$
148. (1) -51J　(2) 10N
149. (1) $\dfrac{1}{2}mgv$　(2) $\dfrac{1+\sqrt{3}\,\mu'}{2}mgv$
150. (1) $\dfrac{mg}{k}$　(2) 略　(3) $\dfrac{2mg}{k}$

(4) ばねの伸び：$\dfrac{mg}{k}$, 速さ：$\sqrt{\dfrac{m}{k}}\,g$

151. (1) $\dfrac{1}{2}kl^2$　(2) $\dfrac{1}{2}k(l^2-x^2)-\mu mg(l-x)$

(3) $\dfrac{2\mu mg}{k}-l$　(4) $\dfrac{\mu mg}{k}$

152. (1) 運動エネルギーの和：$(m-\mu M)gD$,

速さ：$\sqrt{\dfrac{2(m-\mu M)gD}{M+m}}$

(2) $(m-\mu M)g(D+x)$

153. (1) $\dfrac{1}{2}(M+m)v^2+(m-M\sin\theta)gl$

(2) $\sqrt{\dfrac{2\{M(\sin\theta-\mu'\cos\theta)-m\}gl}{M+m}}$　(3) 略

154. (1) $\sqrt{\dfrac{2(M-m)gR}{M+m}}$

(2) $2\sqrt{\dfrac{(M-m)gR}{M+m}}$

155. (1) 30m/s　(2) 1.8×10^3m　(3) 4.6×10^2s

(4) 6.0×10^4m　(5) -2.5m/s²

156. (1) -0.20m/s²　(2) $2.0-0.20t$[m/s]

(3) $2.0t-0.10t^2$[m]　(4) 10m　(5) 略

157. (1) 0.39m/s　(2) 0.39m/s

(3) 7.8×10^{-2}m/s

158. (1) ρVg　(2) $2\rho V-(M+m)\geqq0$

(3) ① $\sqrt{\dfrac{2ML}{(\rho V-M)g}}$　② $\dfrac{kL}{(\rho V-M)g}$

159. (1) (ア) $\mu'mg$　(イ) $-\mu'mgL$

(ウ) $-\dfrac{1}{2}kx^2$　(エ) $\dfrac{k}{2\mu'mg}$　(2) 0.51

160. (1) $\dfrac{(M+m)g}{k}$　(2) $\dfrac{mk(L-h)}{M+m}$

(3) 長さ：L, 速さ：$2g\sqrt{\dfrac{2(M+m)}{k}}$

161. (1) ① 1.00秒　② 2.5m

③ $a_1=-1.0$m/s², $a_2=4.0$m/s²　(2) 略

(3) 板：$Ma_1=-\mu mg$, 物体：$ma_2=\mu mg$

(4) 0.41

162. (1) mgh　(2) 2 倍　(3) $\dfrac{1}{2}$ 倍

163. (1) 90J/K　(2) 7.2×10^2J　(3) 2.5K
164. (1) 58℃　(2) 1.1×10^4J
165. 37℃
166. (1) 0.88J/(g・K)　(2) 高くなる

167. 1.7×10^{-5}/K
168. $3.66 \times 10^{-3} m^3$, $\dfrac{1}{273}$
169. 4.6×10^2s
170. (1) 50g (2) 2.1J/(g·K) (3) 3.3×10^2J
171. 略
172. (1) 5.9×10^2J (2) 1.4℃
173. 5.0J
174. 3.4×10^8J
175. (1) 5.0×10^5J (2) 4.0×10^5J
176. $\dfrac{1}{M_2}\left(\dfrac{qt}{T_2-T_1} - 0.39M_0 - 4.2M_1\right)$[J/(g·K)]
177. 氷：94g, 水：106g
178. (1) $L(1+\alpha_1 t)$[m] (2) $\dfrac{1+\alpha_1 t}{1+\alpha_2 t} L$[m]
179. (1) $202.2 cm^3$, 1.011倍 (2) $13.45 g/cm^3$
180. (1) 重力：mg[N], 垂直抗力：$\dfrac{\sqrt{2}\,mg}{2}$[N]

  (2) 重力：$\dfrac{\sqrt{2}\,mgs}{2}$[J],

  動摩擦力：$-\dfrac{\sqrt{2}\,\mu'mgs}{2}$[J], 垂直抗力：0 J

  (3) $\sqrt{2gs(1-\mu')}$[m/s]

  (4) $\dfrac{\sqrt{2}\,\mu'gs}{2 \times 10^3 \times c}$[K]
181. (1) 4.6×10^6J (2) 5.4×10^6J (3) 4.9×10^8J
182. (1) 38J/K (2) 0.40J/(g·K)
183. (1)(2) 略
184. (1) 3.6×10^7J (2) 2.2×10^7J (3) 30℃

  (4) 88分
185. (1) $mc_w T_3$[J] (2) $\dfrac{mc_w T_3}{t_3 - t_2}$[J/s]

  (3) $\dfrac{c_w T_3(t_2 - t_1)}{t_3 - t_2}$[J/g]

  (4) $\left(\dfrac{t_1}{t_3 - t_2}\right)\dfrac{T_3}{T_0}$ 倍

  (5) $\dfrac{t_2 - t'}{t_2 - t_1} m$[g]
186. (1) 2.0m (2) いずれも 20m/s

  (3) 振幅2倍：2.0m, 振動数2倍：1.0m
187. (1) 振幅：0.50m, 波長：8.0m

  (2) 速さ：4.0m/s, 振動数：0.50Hz
  周期：2.0s (3) 略 (4) −0.50m
188. (1) y 軸の正の向き

  (2) 速度が0の点：a, c
  速度が最大の点：b

  (3) 同位相：d, 逆位相：b (4) 略
189. (1) 0.40s (2) 1.6m (3) 略
190. (1) 20m/s (2) 1.0m
191. 略
192. (1) O, D (2) C (3) O, D (4) A, C, E
193. 略
194. (1)～(3) 略

  (4) 腹：C, G, K 節：A, E, I, M
195. (1) 1, 3, 5, 7, 9mの各点

  (2) 腹の数：6個, 振幅：0.6m
196. (1) 0.80m (2) 3.2m/s
197. 略

198. (1)(2) 略 (3) 腹
199. (1) 略 (2) B, D, F
200. (1) 振幅：10cm, 波長：20cm

  (2) 速さ：$25(1+4n)$[cm/s],

  振動数：$\dfrac{5}{4}(1+4n)$[Hz]
201. (1) 0.20m (2) 略 (3) P_1
202. (1) 1.0s から 5.0s (2) 略 (3) 1.5s

  (4) 2.3s (5) 略
203. (1) 周期：0.20s, 波長：0.40m
  速さ：2.0m/s (2) 略

  (3) 自由端：0.24m, 固定端：0 m
204. 1.0×10^3m
205. 1.7×10^{-2}m～17m
206. (ア) ① (イ) ② (ウ) ①
207. 5.8×10^2m
208. 255Hz
209. ア：$f_1 T$, イ：$f_2 T$, ウ：$|f_1 T - f_2 T|=1$,

  エ：$\dfrac{1}{T}$, オ：$f=|f_1 - f_2|$
210. (1) 波長：0.60m, 速さ：1.2×10^2m/s

  (2) 4個 (3) 1.8×10^2m/s
211. (1) 2.0×10^{-4}kg/m (2) 3.0×10^2m/s

  (3) 3.0×10^2Hz
212. 1個
213. (1) 0.20m (2) 1.7×10^3Hz
214. (1) 0.10m (2) 3.4×10^3Hz
215. (1) A, E (2) C, G (3) A, E
216. (1) 43.0cm (2) 8.00×10^2Hz (3) 1.3cm

  (4) 267Hz
217. (1) f_1：5.5×10^2Hz, f_2：50Hz

  (2) 5.0×10^2Hz
218. 強く押さえた：4.4×10^2Hz,

  軽く押さえた：1.3×10^3Hz
219. (1) $\lambda_1=4L$, $\lambda_2=2L$

  (2) $v_1 = \sqrt{\dfrac{S}{\rho_1}}$, $v_2 = \sqrt{\dfrac{S}{\rho_2}}$

  (3) $\dfrac{1}{4L}\sqrt{\dfrac{S}{\rho_1}}$ (4) $\dfrac{1}{4}$
220. (1) $\dfrac{1}{2L}\sqrt{\dfrac{mg}{\rho}}$ (2) $2(d_2 - d_1)$

  (3) $\dfrac{d_2 - 3d_1}{2}$ (4) $\dfrac{m}{9}$
221. (1) 波長：$\dfrac{4}{3}L$, 振動数：$\dfrac{3V}{4L}$, 周期：$\dfrac{4L}{3V}$

  (2) $\dfrac{V}{L}$
222. (1) $\lambda=1.36$m, $f=2.50 \times 10^2$Hz

  (2) 管内：0.675m, 管外：5×10^{-3}m (3) 略
223. (1) 周期：6.0s, 波長：12m (2) 12s

  (3) 0 m
224. (1) 太郎の実験：弦の張力 T
  花子の実験：弦の線密度 ρ

  (2) 太郎の実験：2倍, 花子の実験：$\dfrac{1}{\sqrt{2}}$ 倍

  (3) $\sqrt{\dfrac{T}{\rho}}$
225. (1) 波長：$2r$[m], 振動数：$\dfrac{V}{2r}$[Hz]

(2) 中央部M：節，棒の両端：腹

(3) 波長：$2L$〔m〕，速さ：$\dfrac{VL}{r}$〔m/s〕

226. (1) 68.0cm　(2) 500Hz　(3) 84.0cm

(4) T_2　(5) 0.5cm 長くなった

227. (1) 2.4×10^{-5}C

(2) A，Bともに 1.2×10^{-5}C

(3) BからAへ 2.0×10^{14} 個移動した

228. (1) 3.0×10^{19} 個　(2) 5.0×10^{-4}m/s

229. (1) A：20Ω，B：50Ω　(2) 1.0A

230. (1) 6.0Ω　(2) 3.0×10^{-6}Ω·m　(3) 1.5Ω

231. (1) 2.0×10^{-8}Ω·m　(2) 0.78Ω

232. (1) 11.0Ω　(2) 1.0Ω

233. (1) R_1：2.4V，R_2：3.6V

(2) R_1：0.36A，R_2：0.24A

234. (1) 12Ω　(2) 40Ω

(3) R_1：2.0A，R_2：1.2A，R_3：0.80A

235. P：78Ω　Q：6.5Ω

236. 略

237. ①，③

238. (1) 1.5×10^2W

(2) 9.0×10^4J，2.5×10^{-2}kWh

239. 電流：2倍，ジュール熱：2倍

240. (1) $P_1\cdots0.40$W，$P_2\cdots0.13$W，$P_1：P_2=3：1$

(2) $P_1\cdots2.5\times10^{-2}$W，$P_2\cdots7.5\times10^{-2}$W，

$P_1：P_2=1：3$

241. P_1：2.5×10^2W，P_2：1.8×10^2W，

P_3：1.2×10^2W

242. 95%

243. (1) R₁〜R₃：2.0A

(2) R_1：3.0A，R_2：0A，R_3：3.0A

244. (1) A：1.0Ω，B：2.0Ω，C：4.0Ω　(2) 2.0倍

(3) 2.0倍

245. 抵抗値：r〔Ω〕，消費電力：$\dfrac{E^2}{4r}$〔W〕

246. 0.40J/(g·K)

247. (1) ア，イ　(2) $\dfrac{5}{3}r$

248. (1) $\dfrac{V^2}{mcR}$　(2) 略

249. 略

250. (1) 西向き　(2) 東向き

251. 紙面に垂直に表から裏の向き

252. 図の上向き　　　**253.** b

254. 辺AB：エ，辺CD：カ，時計まわり

255. (1) イ　(2) ア　(3) イ

256. (1) t_1，t_3　(2) $\dfrac{1}{t_4}$

(3) 周波数：大きくなる，最大値：大きくなる

257. 8.0×10^3 回，1.0A

258. (1) $\dfrac{P}{V}$　(2) $\dfrac{rP^2}{V^2}$

259. (1) 2.0A

260. 3.9×10^{14}Hz〜7.5×10^{14}Hz

261. 50m³

262. ① 化石　② 光合成　③ 太陽　④ 生物

⑤ 二酸化炭素

263. (1) 3.9×10^{26}J　(2) 14%

264. A：α線，B：β線，C：γ線

265. 72μSv

266. (1) 6日　(2) 8分の1

267. (1) 2.8×10^6g　(2) 9.2×10^{-4}g

268. (1) 2.0Ω　(2) R_2：10Ω，R_3：40Ω

(3) r：90W，R_1：18W，R_2：58W，R_3：14W

(4) 1.8×10^2W

(5) r：2.5×10^2W，R₁：50W，R₂：0W，R₃：0W

269. | a | 小さい， | b | 小さい，

| c | 大きい， | d | 大きい，

| e | 小さい

270. (1) 略　(2) 水：9.4×10^3J，油：4.7×10^3J

(3) 容器の熱容量：96J/K，

油の比熱：1.9J/(g·K)

271. ③

特別演習④

1 (1) ④

(2) | 2 |：⓪，| 3 |：③，| 4 |：⑥

2 (1) 台車：⑦，おもり：④　(2) ②　(3) ③

(4) ③

3 (1) ③　(2) ②　(3) ⑥　(4) ③

4 (1)

5 ②，⑤

6 (1) ③　(2) ⑤　(3) ②

7 (1) ④　(2) ④　(3) ②　(4) ②

8 (1) ⑧　(2) ①　(3) ⑤

9 (1) | 1 |：②，| 2 |：③　(2) ⑥

論述問題 **1** 〜 **19** 略

新課程版 セミナー物理基礎

2022年1月10日　初版　第1刷発行	
2025年1月10日　初版　第4刷発行	

編　者　第一学習社編集部

発行者　松本　洋介

発行所　株式会社 第一学習社

広島：広島市西区横川新町7番14号　　〒733-8521　☎ 082-234-6800
東京：東京都文京区本駒込5丁目16番7号　〒113-0021　☎ 03-5834-2530
大阪：吹田市広芝町8番24号　　　　　　　〒564-0052　☎ 06-6380-1391

札　幌 ☎ 011-811-1848	仙台 ☎ 022-271-5313	新　潟 ☎ 025-290-6077
つくば ☎ 029-853-1080	横浜 ☎ 045-953-6191	名古屋 ☎ 052-769-1339
神　戸 ☎ 078-937-0255	広島 ☎ 082-222-8565	福　岡 ☎ 092-771-1651

訂正情報配信サイト 47158-04
利用に際しては，一般に，通信料が発生します。

https://dg-w.jp/f/e314b

47158-04

■落丁，乱丁本はおとりかえいたします。

ホームページ
https://www.daiichi-g.co.jp/

ISBN978-4-8040-4715-7

┃ 三角関数 ┃

三角比 直角三角形 ABC の 3 辺 r, x, y, および角 θ を右図のようにとるとき，辺の比 $\dfrac{y}{r}$, $\dfrac{x}{r}$, $\dfrac{y}{x}$ を，それぞれ ∠A の**正弦（サイン）**，**余弦（コサイン）**，**正接（タンジェント）**という。これらは，それぞれ $\sin\theta$, $\cos\theta$, $\tan\theta$ と表される。

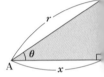

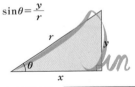

$$\sin\theta=\dfrac{y}{r}$$

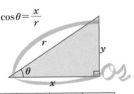

$$\cos\theta=\dfrac{x}{r}$$

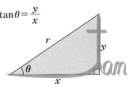

$$\tan\theta=\dfrac{y}{x}$$

よく用いる三角比の値

	0°	30°	45°	60°	90°
sin	0	$\dfrac{1}{2}$	$\dfrac{1}{\sqrt{2}}$	$\dfrac{\sqrt{3}}{2}$	1
cos	1	$\dfrac{\sqrt{3}}{2}$	$\dfrac{1}{\sqrt{2}}$	$\dfrac{1}{2}$	0
tan	0	$\dfrac{1}{\sqrt{3}}$	1	$\sqrt{3}$	—*

＊$\tan 90°$ は定義されない。

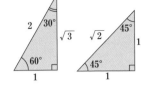

三角関数 原点 O を中心とする半径 r の円周上を動く点 P の座標を (x, y)，動径 OP が x 軸の正の向きとなす角を θ とする。このとき，三角比と同様に，角 θ に対する正弦，余弦，正接は，次のように定義される。

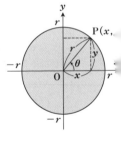

$$\sin\theta=\dfrac{y}{r} \qquad \cos\theta=\dfrac{x}{r} \qquad \tan\theta=\dfrac{y}{x}$$

$\sin\theta$, $\cos\theta$, $\tan\theta$ は，いずれも θ の関数となり，**三角関数**とよばれる。

三角関数の公式 $\tan\theta=\dfrac{\sin\theta}{\cos\theta}$ $\quad \sin^2\theta+\cos^2\theta=1 \quad 1+\tan^2\theta=\dfrac{1}{\cos^2\theta}$

$$\sin(-\theta)=-\sin\theta \qquad \cos(-\theta)=\cos\theta \qquad \tan(-\theta)=-\tan\theta$$

$$\sin\left(\theta\pm\dfrac{\pi}{2}\right)=\pm\cos\theta \qquad \cos\left(\theta\pm\dfrac{\pi}{2}\right)=\mp\sin\theta \qquad \tan\left(\theta\pm\dfrac{\pi}{2}\right)=-\dfrac{1}{\tan\theta}$$

$$\sin(\theta\pm\pi)=-\sin\theta \qquad \cos(\theta\pm\pi)=-\cos\theta \qquad \tan(\theta\pm\pi)=\tan\theta$$

$$\sin 2\theta=2\sin\theta\cos\theta \qquad \cos 2\theta=\cos^2\theta-\sin^2\theta=1-2\sin^2\theta=2\cos^2\theta-1$$

$$\sin(\alpha\pm\beta)=\sin\alpha\cos\beta\pm\cos\alpha\sin\beta \qquad \cos(\alpha\pm\beta)=\cos\alpha\cos\beta\mp\sin\alpha\sin\beta$$

弧度法 円の半径に等しい長さの弧に対する中心角をとり，これを 1 **ラジアン**（記号 rad）として，角の大きさを表す方法を**弧度法**という。

$$1\,\text{rad}=\dfrac{180°}{\pi}\;(≒57.3°) \qquad 2\pi\,\text{rad}=360°$$

半径 r，中心角 θ〔rad〕のときの弧の長さ L は，$L=r\theta$ と表される。